WULI SHIYAN

物理实验

主　编　罗积军

编　者　罗积军　陈会林　赵云芳

　　　　侯素霞　唐艳妮

西北工业大学出版社

【内容简介】 本书内容共五章,主要包括绪论、测量误差和实验数据处理、物理实验的基本方法、物理实验常用仪器和实验。书后附有物理常用数表,方便读者查阅。本书重视物理实验方法在实验中的运用,注重实验操作和实验数据处理能力的培养。

本书可作为高等学校大专非物理类专业物理实验课程的教材或参考书。

图书在版编目(CIP)数据

物理实验/罗积军主编 . —西安:西北工业大学出版社,2015.8
ISBN 978 - 7 - 5612 - 4523 - 1

Ⅰ.①物… Ⅱ.①罗… Ⅲ.①物理学—实验—高等学校—教材 Ⅳ.①O4 - 33

中国版本图书馆 CIP 数据核字(2015)第 194989 号

出版发行:西北工业大学出版社
通信地址:西安市友谊西路 127 号 邮编:710072
电　　话:(029)88493844　88491757
网　　址:www.nwpup.com
印 刷 者:陕西向阳印务有限公司
开　　本:787 mm×1 092 mm　1/16
印　　张:9.875
字　　数:236 千字
版　　次:2015 年 9 月第 1 版　2015 年 9 月第 1 次印刷
定　　价:25.00 元

前　言

　　"物理实验"是面向高职、大专学生开设的公共基础实验课程,是学生系统学习物理实验的基础知识、实验方法和技术的入门课程。通过物理实验,可开拓学生思路,培养综合应用知识能力和实践能力,培养学生严肃认真,求实求真的科学作风,为后续课程的学习打下基础。

　　本书在编写中注重对学生基本实验技能的训练,通过实验掌握基本实验技能、实验方法和使用仪器仪表进行数据采集、观察、处理和分析的方法,培养学生用基本理论分析和解决问题的能力,开发学生的创新思维和创造能力。本书在编写的时候,特别注重教材的科学性、启发性和实用性,在突出实验的基本知识、基本方法、基本测量技术和基本仪器使用的基础上,将现代教育理念、现代教育技术和现代测试技术融入实验教学之中。

　　全书共分为绪论、测量误差和实验数据处理、物理实验的基本方法、物理实验常用仪器和实验五章内容。参加编写的人员有罗积军、陈会林、赵云芳、侯素霞、唐艳妮等。赵云芳完成全书排版和部分插图绘制,全书由罗积军统稿且任主编。在编写本书的过程中,徐军教授对教材的编写提出许多指导性的意见和建议,我们还得到了第二炮兵工程大学基础实验中心全体教员的大力支持,在此谨向他们表示衷心的感谢。

　　由于编写时间仓促以及水平所限,书中难免有疏漏之处,敬请读者批评指正,以便我们改进和提高。

编　者

2014 年 12 月

前　言

目　录

第1章　绪论 ·· 1

第2章　测量误差和实验数据处理 ······································· 5

　2.1　测量 ·· 5

　2.2　误差 ·· 6

　2.3　有效数字 ··· 12

　2.4　数据处理方法 ·· 15

　习题 ·· 24

第3章　物理实验的基本方法 ··· 26

　3.1　物理实验思想和方法的形成 ······································· 26

　3.2　物理实验分析方法 ·· 27

　3.3　物理实验的基本测量方法 ··· 29

　3.4　计算机虚拟方法 ··· 36

第4章　物理实验常用仪器 ·· 39

　4.1　仪器调整的基本原则 ··· 39

　4.2　物理实验常用仪器 ·· 41

　思考题 ··· 54

第5章　实验 ·· 55

　实验1　基本测量 ··· 55

　实验2　万用表的调节与使用 ··· 56

　实验3　示波器的调节和使用 ··· 60

　实验4　单摆测重力加速度 ·· 66

　实验5　弹簧振子 ··· 67

　实验6　刚体的转动惯量测量 ··· 69

　实验7　杨氏弹性模量测量 ·· 72

　实验8　金属比热的测定 ·· 76

　实验9　落球法测定液体黏滞系数 ······································· 81

　实验10　薄透镜焦距的测定 ··· 88

　实验11　分光计的调整和使用 ·· 91

　实验12　超声波波速测量 ·· 98

实验 13　用电流场模拟静电场 ·· 102

实验 14　电阻的测量 ··· 107

实验 15　电位差计的使用 ··· 112

实验 16　霍耳效应实验 ··· 115

实验 17　光电效应和普朗克常数测定 ································· 120

实验 18　多普勒效应实验 ··· 124

实验 19　夫兰克-赫兹实验 ·· 130

实验 20　密立根油滴实验 ··· 134

附录 ·· 139

附录 A　中华人民共和国法定计量单位 ······························· 139

附录 B　常用物理量数据 ·· 141

附录 C　常用电气测量指示仪表和附件的符号 ························ 148

参考文献 ·· 151

第1章 绪 论

一、物理实验课的地位和作用

物理学是自然科学的基础,是研究物质运动一般规律及物质基本结构的科学,物理学的发展不仅推动了整个自然科学,而且对人类的物质观、时空观、宇宙观乃至人类文明都产生了深刻的影响。实验是人们认识自然和进行科学研究的一种重要手段,实验在推动科学的发展和检验理论的正确性方面有着极其重要的作用,科学实验是科学理论的源泉,是工程技术的基础。作为培养科学研究人员和工程技术人才的高等学校,不仅要使学生掌握扎实的理论知识,而且要使学生具备较强的科学实验能力,以适应科学技术不断进步的需要。

物理学是研究物质运动的普遍规律的科学,是其他自然科学的基础,也是一门实验性很强的学科。物理学发展史表明:实验是物理学发展的基础,又是检验物理学理论的标准。这就是说,物理学的两种研究方法都依赖于科学实验。其一是实验研究方法,亦称归纳法。它是以实验事实为依据,经过去粗取精、去伪存真的分析,并加以概括和总结,归纳出带有普遍意义的规律,建立物理学的理论。自由落体运动规律的发现和重力加速度概念的确立,法拉第电磁感应定律的提出,麦克斯韦电磁波理论的创立,以及人们对于光的波、粒二相性的认识过程,都是从科学实验中获得新发现的例证。其二是理论研究方法,亦称演绎法。它是在充分运用各种数学工具的基础上,通过一系列的推理、演绎过程,做出科学的预言或假设,发现新的物理规律。但是这些理论研究课题的提出仍需要实验事实作依据,这些预言、假设的正确性也必须通过实验去检验,才能被人们所承认。爱因斯坦在他的狭义相对论中预言的质能关系($E=mc^2$),在几十年后的原子物理实验中得到了证实;李政道、杨振宁以 K 介子衰变的实验事实为依据提出在弱相互作用中宇称不守恒的理论,吴健雄以 $Co60\beta$ 放射实验证明了他们理论的正确性。上述都是理论研究方法离不开科学实验的有力证据。

应该说,物理实验在物理学的创立和发展中占有十分重要的地位,实验的成败直接关系到物理学的命运。随着科学技术的发展,物理实验愈做愈精密,实验内容愈来愈丰富,许多物理科学的新思想、许多边缘科学的新理论还有待于物理学工作者去证明、去建立。因此,我们不仅应该掌握丰富的理论知识,而且还必须具备足够的现代科学实验的能力。

物理实验课是对高等学校学生进行科学实验基本训练的一门独立的必修基础课程,是学生进入大学后接受系统的实验方法和实验技能训练的开端,是理工科学生今后进行科学实验训练的重要基础。它对培养学生的独立工作能力,学习如何用实验方法研究物理现象与规律,掌握物理学领域的一些基本实验方法与技能,配合课堂教学,掌握物理学的基本概念和基本规律都起着重要的作用。

物理实验学习和物理理论学习具有同等重要的地位,它们既有深刻的内在联系和配合,又有各自的任务和作用。

二、物理实验的目的和任务

本课程是在中学物理实验的基础上,按照物理实验的不同层次,本着循序渐进、由易到难的原则,学习物理实验知识、方法和技能,了解科学实验的主要过程与基本方法,为今后的学习和工作奠定良好的基础。

本课程的主要目的和任务是:

(1)使学生获得实验的基本知识、基本方法和基本技能,即"三基本"的训练。学生必须充分认识到,科学实验能力的形成和提高是建立在对"三基本"的熟练掌握和灵活运用的基础上的。

(2)培养基本的科学实验能力。就大学物理实验而言,基本的科学实验能力是指:

1)阅读理解能力。训练学生自行阅读实验教材和参考资料,正确理解实验的要求和内容,做好实验前的准备。

2)动手操作能力。借助教材和仪器说明书,正确调整和使用常用的基本仪器,实施实验方案。

3)分析判断能力。运用所学的基本物理概念和知识,对实验现象和结果进行初步的分析判断,做出结论。

4)书写表达能力。正确记录和处理实验数据,绘制图线,说明实验结果,撰写合格的实验报告。

5)简单实验的设计能力。能根据课题要求,确定实验方法和条件,合理选择仪器,拟定具体的实验方案。

(3)使学生具备从事科学实验的基本素质。这里包括理论联系实际和实事求是的科学态度;严肃认真、一丝不苟的工作作风;不怕挫折、积极进取的探索精神;遵守操作规程、爱护器材的良好习惯。

(4)通过实验的观察和分析,和课程教学相互配合,加深对物理概念和规律的认识,巩固和加强对所学内容的掌握。

物理实验虽然是在教师指导下来进行,但在实验过程中,学生应该积极发挥学习的主动性,以研究者的态度去进行实验,组装调整仪器,进行观察和分析,探讨最佳的实验方案,认真进行测量,从中积累经验,训练技巧,为今后科学工作中设计实验方案、选择并使用新的仪器设备打下基础。同时,从一开始就应注意养成良好的科学态度和作风。

三、物理实验的教学程序和要求

物理实验和其他科学实验一样,一般可以分为如下几个阶段。

(1)确定研究课题;

(2)制订研究计划和方案;

(3)选择与准备实验装置和仪器设备;

(4)进行实验测量与观察,获得实验数据与结果;

(5)分析处理数据,得出结论;

(6)撰写实验报告或论文。

应该说,一项实验研究工作的最重要部分是前面三个阶段。科学实验发展史早就证明,杰出的科学实验要以杰出的构思为基础。但是,如何立题和制订实验方案不是初学者马上就可以掌握的,要有扎实的基础和优良的科学素养,要有经验的积累。因此,很难在早期的实验中对学生进行这方面的训练。本课程作为初学者的基本训练,主要进行后面三章的学习和训练,但在课程的后阶段,适当安排了具有设计性的综合实验,使学生们在制订实验方案、进行仪器的选择和合理配置等方面得到初步的训练。

物理实验教学主要包括密切相关的三个教学环节,即实验前的准备(预习)、实验的操作、实验后的报告。现将物理实验的教学程序及要求说明如下。

1. 实验前的准备(预习)

科学实验是一种有目的的实践活动。尽管最初的实验通常由教师制订方案和提出要求,但学生在实验前必须力求理解实验方案的全貌。为此,实验前需认真阅读实验教材,明确该实验的目的、要求、实验原理、待测的物理量及测量方法。对实验中涉及的仪器,预习时就要阅读教材中有关该仪器的介绍,弄清其构造原理、使用操作方法和注意事项。必要时,还可到实验室观看仪器实物或在多媒体计算机上进行仿真实验。在此基础上简明扼要地写出书面的预习报告,其内容主要有以下两部分。

(1)简述实验原理:只要求写出测量公式,画出有关电路图、光路图或实验装置图;并用自己的语言,对图和公式作必要的说明(如各符号的物理意义、公式、应满足的实验条件等)。

(2)画好数据表格:为防止实验中漏测数据,并使测量结果一目了然,预习时应根据实验要求设计好数据记录表格。表格上要标明物理量符号、单位及测量次数等。

另外,对预习中不清楚的问题,也可写在预习报告中,以便通过实验及时解决。

2. 实验的操作

在进入实验室正式进行实验测量前,首先应该对提供的仪器设备是否完好、齐全进行检查,并记录本实验中所用仪器的型号、编号和规格,仔细阅读教材中有关仪器的介绍和使用注意事项,然后再开始调整仪器。仪器调整是实验成败的重要环节,应该十分重视,认真进行,使仪器在完全正常的状态下工作。调整完后,要认真思考和安排好实验操作程序,不要一上来就急于求成,因为一些关键性步骤的疏忽或错误,会导致整个实验的失败。对于电学实验,一般还应由指导教师检查电路的接线,正确无误后,才可接通电源,以防造成事故。

实验测试中,不要单纯追求顺利地测好数据,要养成对实验现象仔细观察和对所测数据随时进行分析判断的习惯,这样才能及时发现和纠正差错。对实验中遇到的故障要积极思考,尽可能自己排除。要如实记录实验测量的原始数据,实验数据记录应做到整齐清洁而有条理,养成列表记录数据的习惯,以便于计算和复核。数据记录中,如发现有错,可以重新记录,并对原来数据加上特殊符号(如"一"或"×")。未重新测量决不允许修改实验数据。

其他如对于基本仪器的使用情况,在实验中观察到的现象和存在的问题等,也可扼要记下。

实验结束后,必须整理复原所使用的仪器,断开电源,关好水管。

3. 实验报告的书写

完整的实验报告是在实验结束后完成的。书写实验报告的过程是对实验内容进行总结并加深理解的过程,目的是为了培养学生总结概括和分析表达能力,训练学生如何以书面的形式总结自己的实验成果,为将来撰写科研论文打基础。写报告时,要求文字通顺、字迹端正、数据齐全、图表规范、结果表示正确(包括误差的表示)、讨论认真。应该按自己的思路来写。

实验报告的内容一般包括:

(1)实验名称;

(2)实验目的;

(3)仪器及用具(主要仪器的编号、规格等);

(4)实验原理(原理及方法简述);

(5)数据处理(包括数据表格、主要运算过程、误差估算,并明确表达出实验结果,有些实验若用作图法处理数据,应严格按作图规则,画出合乎要求的实验图线);

(6)问题讨论。

实验的讨论是培养我们分析能力的非常重要的部分,应当努力去做。实验后可供讨论的问题是多方面的,以下提示几点供参考:

1)实验的原理、方法、仪器给你留下什么印象,实验的目的完成的如何?

2)实验的系统误差表现在哪些地方,怎样改进测量方法或装置可以减小误差。对实验的改进有何设想?

3)实验步骤怎样安排更好?

4)观察到什么反常现象,遇到过什么困难,能否提出可供以后实验人员借鉴的东西?

5)测量结果是否满意,如果未达到预期的结果是什么原因造成的?

6)对实验的安排(目的、要求、方法和仪器的配置等)和教师的指导有何希望?

四、怎样学好物理实验课

要学好物理实验课,不但要花气力下功夫,而且要有一定的学习方法。那么,怎样才能学好这门课程呢?

第一,注意掌握实验方法,特别是基本的测量方法。基本的测量方法往往是复杂的测量方法的基础,要弄明白它的原理,达到逐步熟悉和牢记。任何实验方法都有它的运用条件、优缺点,只有亲自认真做过实验才能对这些条件、优缺点有较深的印象。

第二,培养良好的实验习惯,从实验仪器、装置的安排到操作姿势、读数习惯等都应严格训练,不可轻视。良好的实验习惯是经历很多实验后的经验总结,它能保证实验安全,避免差错。要真正养成良好的习惯,不光是要经过多次实验,还要在每次实验中有意识地锻炼自己。

第三,逐步学会分析实验,排除实验中出现的各种故障。判断实验数据是否可靠,实验结果是否正确。这些问题主要靠分析实验本身来判断,即分析实验方法是否正确,它带来多大误差,仪器带来多大误差,实验环境有多大的影响等。当出现数据不佳时,千万不要根据理论值去拼凑数据,而要认真地去检查自己的操作和读数,进而去检查仪器与装置,找出毛病和故障。要力求自己动手解决,如解决不了,需要教师帮助解决时,要留意观察教师如何判断仪器的毛病及修复的方法,以提高自己的能力。

第四,掌握好重点。抓紧时间,认真做完辅助性工作,然后将主要精力放在重点学习的内容上,避免在枝节问题上消磨时间。

第五,认真写好实验报告。实验报告是本次实验的成果总结,认真写好实验报告,会加深对本次实验的理解,对思路的整理、实验的分析、印象的加深、结果的总结等都是有益的。甚至通过实验报告,还会进一步发现问题,使学习更加扎实、牢靠。

总之,要学会做实验不是一件容易的事情,应使学生在学习过程中不断提高对实验的兴趣,不断总结经验,学好物理实验。

第2章　测量误差和实验数据处理

人类是通过测量开始认识客观世界的。物理实验离不开对物理量的测量。由于测量条件的非理想化,测量总存在误差。因此测量中的不可靠量值是误差,导致测量结果的不可靠量值是不确定度。这就是测量、误差和不确定度三者之间的因果关系。测量误差越小,结果的不确定度就越小,测量精度就越高,人们对客观世界的认识也就越准确。

2.1　测　　量

一、定义

广义而言,测量就是用实验手段对客观事物获取定量信息的过程。具体地说,就是将待测量与标准量进行比较,确定被测量的量值。通俗地讲就是借助仪器,用某一计量单位把待测量的大小表示出来,确定待测量是该计量单位的多少倍。测量数据要写明数值大小和计量单位。

二、分类

测量按照测量的方式可分为直接测量和间接测量两类,按照测量的次数可分为单次测量和多次测量,由于测量者、使用仪器、采用方法等测量条件不同,测量又可分为等精度测量和非等精度测量。

1. 直接测量和间接测量

(1) 直接测量。

用测量仪器能直接测出被测量的测量称为直接测量,相应地被测量称为直接测量量。例如,用米尺测物体长度、用天平称物体质量、用秒表测时间等,这些均是直接测量。相应的长度、质量、时间等称为直接测量量。直接测量按测量次数分为单次测量和多次测量。

1)单次测量。

只测量一次的测量称为单次测量。主要用于测量精度要求不高、测量比较困难或测量过程带来的误差远远大于仪器误差的测量中。如在测杨氏弹性模量实验中,测钢丝长度就用的是单次测量。

2)多次测量。

测量次数超过一次的测量称为多次测量。多次测量按测量条件主要分为等精度测量和非等精度测量。

(2) 间接测量。

对于某些物理量的测量,由于没有合适的测量仪器,不便或不能进行直接测量。只能先测出与待测量有一定函数关系的直接测量量,再将直接测量的结果代入函数式进行计算,得到待测物理量的测量值,这个过程称为间接测量。即先进行直接测量,然后经过一定的数学运算才能得到测量结果的测量称为间接测量。相应地被测量称为间接测量量。

例如用单摆法测量重力加速度,其公式为 $g=\dfrac{4\pi^2 L}{T^2}$。可以先用米尺和计时器对 L 和 T 分别进行直接测量;然后将 L 和 T 的值带入测量公式,计算出重力加速度 g。整个过程称为间接测量,其中 g 是间接测量量,L,T 是直接测量量。

2.按测量条件分为等精度测量和非等精度测量

(1)等精度测量。

在同等条件下进行的多次重复性测量称为等精度测量。即环境、人员、仪器、方法等相同不变,对同一个待测量,进行多次重复测量。由于各次测量的条件相同,测量结果的可靠性是相同的,测量精度也是相同的,这些测量就是等精度测量。

(2)非等精度测量。

在特定的不同测量条件下,用不同的仪器、不同的测量方法、不同的测量次数、派不同的人员进行测量和研究,这种测量叫做非等精度测量。主要用于高精度的测量中。

在实际测量中常用的测量主要是单次测量、等精度测量和间接测量。当测量精度要求不高时用单次测量,测量精度要求比较高时用等精度测量,在无法使用直接测量时才用间接测量。

3.方法

测量方法很多,常用的有直读测量法、比较测量法、替代测量法、放大测量法、平衡测量法、模拟测量法、几何光学测量法、干涉测量法和衍射测量法等。

2.2 误　　差

一、误差的定义

误差定义为测量值和真值之差。按表达方式分为绝对误差和相对误差。

1.绝对误差

$$\delta x = x - x_0 \tag{2.2.1}$$

式中,δx 表示误差,x 表示测量值,x_0 表示真值。

该误差反映了测量的准确度。由于误差存在于一切测量过程中,真值虽然是客观存在的实际值,但无法得到。因此等精度测量中常用测量值和平均值($\bar{x}$)之差估算误差。其表达式为

$$\delta x = x - \bar{x} \tag{2.2.2}$$

在估算误差时,有时用被测量的公认值、理论值或更高精度的测量值来代替真值 x_0,这些值叫作"约定真值"。

2.相对误差

$$E = |\delta x / x_0| \times 100\% \tag{2.2.3}$$

用绝对误差(误差的绝对值)和真值比的百分数表示,称百分误差。

二、误差的分类及处理方法

测量中,误差按其产生的条件可归纳为系统误差、随机误差和粗大误差三类。

1. 系统误差

在对同一物理量进行多次等精度测量时,误差为常数或以一定规律变化的误差称为系统误差。系统误差分为可定系统误差和未定系统误差。

可定系统误差:测量中大小、正负可确定的误差。测量中应消除掉该误差。例如米尺零刻线被磨损或弯曲,若不注意,会产生零点不为零的可定系统误差。因此测量时应该避开零刻度线,用中间的某条整刻度线作为测量的起始点,再读出被测物的终止点,两点相减就避开了零点不准的可定系统误差。再如千分尺(亦称螺旋测微器)零点不为零,测量时应先记下零点值 d_0,再测量被测量值的大小 d_1,两者相减($d_1 - d_0$)的结果就消除了千分尺 d_0 的可定系统误差。

未定系统误差:测量中只能确定大小,不能确定正负的误差(如仪器不确定度产生的测量误差),将其合成到测量结果的不确定度中。例如千分尺的示值误差、数字毫秒计的不确定度、分光计的不确定度、电表的精度(即准确度等级)等产生的测量误差都是未定系统误差。

(1) 系统误差产生的原因。

1) 由仪器不确定度产生的系统误差:即仪器本身缺陷、校正不完善或没有按规定条件使用而产生的误差。例如,仪器刻度不准、刻度盘和指针安装偏心、米尺弯曲、天平两臂不等长等;

2) 由测量公式产生的系统误差:测量公式本身的近似性或没有满足理论公式所规定的实际条件而产生的误差。例如,单摆周期公式 $T = 2\pi\sqrt{\dfrac{l}{g}}$ 的成立条件是摆角小于 $5°$,用这个近似公式计算 T 时,计算本身就带来了误差;又如用伏安法测量电阻时,忽略了电表内阻的影响等;

3) 由测量环境产生的系统误差:在测量过程中,因周围温度、湿度、气压、振动、电磁场等环境条件发生有规律的变化引起的误差。如在 25℃ 时标定的标准电阻在 30℃ 环境下使用等;

4) 由操作人员产生的系统误差:操作者坏习惯或生理、心理等因素造成的误差。例如用米尺测长,读数为斜视读出;用秒表计时,揿表速度较慢等。

(2) 发现系统误差的方法。

1) 理论分析法:从原理和测量公式上找原因,看是否满足测量条件。例如实际中电压表内阻不等于无穷大、电流表内阻不等于零,会产生系统误差;

2) 实验对比法:改变测量方法和条件,比较差异,从而发现系统误差。例如调换测量仪器或操作人员,进行对比,观察测量结果是否相同进行判断确认;

3) 数据分析法:分析数据的规律性,以便发现误差。例如残差法,对一组等精度测量数据,通过计算偏差、观察其大小和比较正、负号的数目,可以寻找系统误差。

(3) 可定系统误差的消除和减小方法

下面列举一些例子:

1) 交换法:用天平两次称一物体质量时,第二次称将被测物与砝码交换。两次称量结果分别为 m_1,m_2,则取 $m = \sqrt{m_1 m_2}$ 为最终称量结果,可以克服天平不等臂误差。

2) 替代法:在电表改装实验中测量表头内阻时。通过单刀双掷开关分别对表头和电阻箱进行同等测量,调节电阻箱阻值,保持电路总电流相同,此时电阻箱的阻值就是被测表头内阻,这样就避免了测量仪器内阻引入的误差,如图 2.2.1 所示。

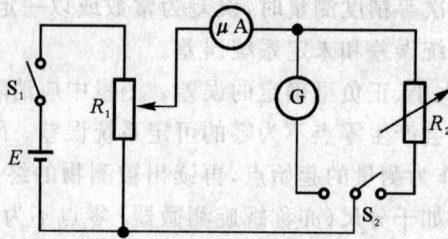

图 2.2.1 用替代法测电表内阻电路图

3)零示法:电桥、电位差计均用此法,指零仪器两端等电位(即示零)时测量。减小仪器误差和避免指零仪器内阻引入的误差。

4)异号法:在霍尔效应实验中改变霍尔片上的电流方向进行测量,消除不等位误差。

5)半周期法:分光计的双游标读数,以克服中心轴的偏心误差。

2. 随机误差

多次等精度测量中误差变化是随机的,忽大忽小,忽正忽负,其总体遵从正态分布(也叫高斯分布),如图 2.2.2 所示。即满足高斯方程:

$$f(\delta x) = \frac{1}{\sigma\sqrt{2\pi}}e \tag{2.2.4}$$

(1)正态分布的特性。

高斯方程中 σ 称为标准差,是随机误差 δx 的分布函数 $f(\delta x)$ 的特征量。其表达式为

$$\sigma = \lim_{n\to\infty}\sqrt{\frac{1}{n}\sum_{i=1}^{n}(x_i - x_0)^2} \tag{2.2.5}$$

σ 确定,$f(\delta x)$ 就唯一确定;反之,$f(\delta x)$ 确定,σ 的大小也就唯一确定了。σ 越小,测量精度高。曲线越陡,峰值越高,随机误差越集中,测量重复性越好;σ 越大则反之,如图 2.2.3 所示。

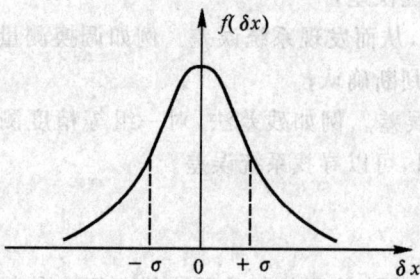

图 2.2.2 正态分布曲线

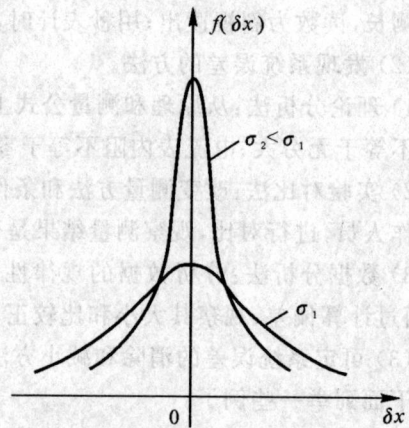

图 2.2.3 σ 对 $f(\delta x)$ 的影响示意图

为了统计随机误差的概率分布,将概率密度函数在以下区间积分,得到随机误差在相应区间的概率值分别为

$$P(-\infty,+\infty)=\int_{-\infty}^{+\infty}f(\delta x)\mathrm{d}(\delta x)=1$$

$$P(-\sigma,+\sigma)=\int_{-\sigma}^{+\sigma}f(\delta x)\mathrm{d}(\delta x)=68.3\%$$

$$P(-2\sigma,+2\sigma)=\int_{-2\sigma}^{+2\sigma}f(\delta x)\mathrm{d}(\delta x)=95.4\%$$

$$P(-3\sigma,+3\sigma)=\int_{-3\sigma}^{+3\sigma}f(\delta x)\mathrm{d}(\delta x)=99.7\%$$

随机误差落在 $\pm3\sigma$ 之外的概率仅为 0.3%，是正常情况下不应该出现的小概率事件，因此将 $\pm3\sigma$ 定为误差极限，即：$X_i\geqslant|3\sigma|$ 时为坏值，不是误差。

正态分布具有 4 个特点：

单峰性：小误差多而集中，形成一个峰值。

对称性：正负误差出现的概率相同。

有界性：$|3\sigma|$ 为误差界限。

抵偿性：正负误差具有抵消性。若 $n\to\infty$ 时，$\delta x\to0$，$\bar{x}\to x_0$。

对随机误差的处理方法是采取多次测量，取算术平均值作为测量结果，以减小随机误差，提高测量精度。

（2）测量列的标准差。

高斯方程中的标准差 σ 是理论值，当 $n\to\infty$ 时，才趋于高斯分布。在实际测量中，只能进行有限次测量，而有限次测量的随机误差实际遵从 t 分布。t 分布曲线较高斯分布曲线稍低而宽，两边较高，两者形状非常相近，如图 2.2.4 所示。

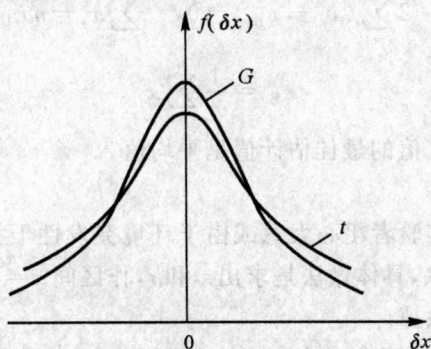

图 2.2.4　t 分布与高斯分布曲线的比较示意

实验中，先用贝赛尔（Bessle）公式计算测量列的标准偏差

$$S=\sqrt{\frac{1}{n-1}\sum_{i=1}^{n}(x_i-\bar{x})^2}\tag{2.2.6}$$

然后用 t 分布因子对标准偏差进行修正，估算出测量列的标准差

$$\sigma=St_{0.683}\tag{2.2.7}$$

在测量次数选择时，要注意 t 因子的修正。由表 2.2.1 可见，$n=6$ 是拐点，当 $n>6$，t 变化

小而缓慢,可取

$$\sigma \approx S \quad (n \geqslant 6) \tag{2.2.8}$$

表 2.2.1　实验中常用的 t 因子

n	2	3	4	5	6	7	8	9	10	11	12
$t_{0.683}$	1.84	1.32	1.20	1.14	1.11	1.09	1.08	1.07	1.06	1.05	1.03

(3) 平均值的标准差。

平均值也是个随机变量,服从正态分布。如果对某被测量 x 进行多组多次等精度测量,每组测量列的平均值 $\bar{x}_1,\bar{x}_2$ 等不尽相同,只是随机误差已很小。由最小二乘法可证明,平均值是真值的最佳估计值,因此实验中只需对被测量进行 1 组等精度测量。其平均值的标准差为

$$\sigma_{\bar{x}} = \frac{\sigma}{\sqrt{n}} \tag{2.2.9}$$

下面用最小二乘法证明测量列的平均值是真值的最佳估计值。

求一组等精度测量列的最佳值,就是求能使它与各次测量值之差的平方和为最小的 $x_{佳}$ 值。在此,用 $x_{佳}$ 表示真值的最佳估计值,就要求式:

$$\sum_{i=1}^{n} (x_i - x_{佳})^2$$

对 $x_{佳}$ 的最小值,对上式求一阶导数和二阶导数分别为

$$f'\left[\sum_{i=1}^{n}(x_i - x_{佳})^2\right] = 0, \quad f''\left[\sum_{i=1}^{n}(x_i - x_{佳})^2\right] = 2n > 0$$

满足极小值条件,解一阶导数等于零的等式

$$-2\sum_{i=1}^{n}(x_i - x_{佳}) = 0, \quad \sum_{i=1}^{n} x_i = n x_{佳}$$

则

$$x_{佳} = \frac{1}{n}\sum_{i=1}^{n} x_i$$

由以上证明可以看出,真值的最佳估计值是平均值。

3. 粗大误差

粗大误差简称粗差,是实验者粗心大意或由于环境突发性干扰造成,为坏值,在处理数据时不能计算在内,应予以剔除,具体做法是求出 $\bar{x}$ 和 σ,作区间 $x = (\bar{x} \pm 3\sigma)$,则测量列中不在此区间内的值都是坏值,应剔除掉。

在测量中,若一组等精度测量值中的某值与其他值相差很大。找一下原因,判断是否是粗差引起的,肯定,则将其剔除。若找不出原因,或无法肯定,则先算出所有测量值(包括可疑坏值)的标准差,然后用"大于等于 $|3\sigma|$"法则判断给予剔除。用剩余的数据重新计算 σ,再进行检验,直到没有坏值。才能计算、分析测量结果。当怀疑有坏值时要多测几个数据。

例 2.1　对液体温度作多次等精度测量,测量值为 20.42,20.43,20.40,20.43,20.42,20.43,20.39,20.30,20.40,20.43,20.42,20.41,20.39,20.39,20.40。试用 3σ 准则检验该测量列中是否有坏值,并计算检验后的平均值及标准差,写出测量结果表达式。

解　将数据和处理过程列表如表 2.2.2 所示。

表 2.2.2　数据处理

i	$t/℃$	$\mid \delta x \mid /℃$
1	20.42	0.016
2	20.43	0.026
3	20.40	0.004
4	20.43	0.026
5	20.42	0.016
6	20.43	0.026
7	20.39	0.014
8	20.30	0.104
9	20.40	0.004
10	20.43	0.026
11	20.42	0.016
12	20.41	0.006
13	20.39	0.014
14	20.39	0.014
15	20.40	0.004
平均值	20.404	

在表 2.2.2 中，计算的中间过程位可以多取一位。

计算测量列的标准差：$\sigma = 0.03℃$，$3\sigma = 0.09℃$。

判断和剔除：$i = 8$ 时的 $\mid \delta x \mid = 0.104 \geqslant 3\sigma$，所以 $t = 20.30℃$ 是坏值，予以剔除。

剔除后 $\bar{t} = 20.411℃$，$\sigma = 0.016℃$，$\sigma_i = 0.004℃$。

测量结果表达式为：$t = (20.411 \pm 0.004)℃$。

三、关于定性评价测量的 3 个名词

评价测量结果，常用到精确度、正确度和准确度三个概念。这三者的含义不同，使用时应注意加以区别。

(1) 精确度：反映随机误差大小的程度。它是对测量结果重复性的评价。精确度高是指测量的重复性好，各次测量值的分布密集，随机误差小。但是，精确度不能确定系统误差的大小。

(2) 正确度：反映系统误差大小的程度。正确度高是指测量数据的算术平均值偏离真值较少，测量的系统误差小，但是正确度不能确定数据分散的情况，即不能反映随机误差的大小。

(3) 准确度：反映测量结果与被测量的真值之间的一致程度。准确度高是指测量结果既精密又正确，即随机误差与系统误差均小。

现以射击打靶的弹着点分布为例，形象的说明以上三个术语的意义。如图 2.2.5 所示，其中图(a)表示精确度高而正确度低，图(b)表示正确度高而精确度低，图(c)表示精确度和正确度均高，即准确度高。

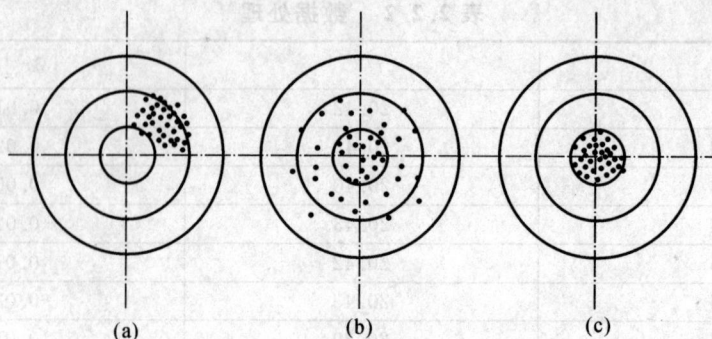

图 2.2.5　测量结果准确程度与射击打靶的类比

(a)精确度高,正确度低;　(b)正确度高,精确度低;　(c)精确度和正确度均高

2.3　有　效　数　字

有效数字是测量和处理数据的位数法则,其位数的多少可以定性表征仪器和测量的精度高低,不能随意丢弃或增添。

一、定义

从左端第一个非零数字到右端含一位欠准位的所有数字均为有效数字。如:0.030 50 是 4 位有效数字。

二、运用

在直接测量中,数据记录到误差发生位,即估读位,如图 2.3.1 所示。

$$L_1 = 5.2 \text{ cm}, \quad L_2 = 5.18 \text{ cm}$$

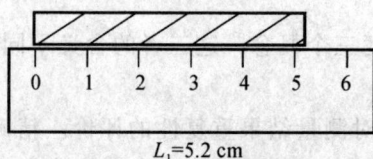

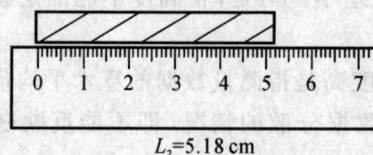

图 2.3.1　读数示例

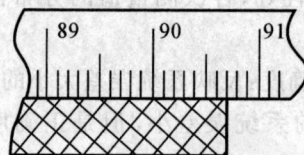

图 2.3.2　读数示例

如图 2.3.2 所示,若是整刻度,则估读为 0,其读数为

正确　　　　　$L = 90.70 \text{ cm}, \quad E = 0.055\%$

错误　　　　　$L = 90.7 \text{ cm}, \quad E = 0.55\%$

数据处理中,ΔX 取 1 位,$\Delta X/X$ 取 $1 \sim 2$ 位有效数字,计算的中间过程数值的有效位可以多取一位;测量结果的表达式中测量值的有效末位与 ΔX 取齐。

例如，$\overline{L}=98.36$ cm，$\Delta L=0.57$ cm，则
$$L=\overline{L}\pm\Delta L=98.4\pm0.6 \text{ cm}$$

三、四舍五入修约法

四舍五入修约法为："尾数小于五舍，大于五进，等于五将有效末位凑成偶数"。所谓尾数就是有效位后面的数字。例如，下面例子中带下划线的数字，在舍取的过程中称为尾数。注意四舍五入修约法的运用。

0.502 501			0.503
0.502 499			0.502
0.502 5	均保留 3 位有效数字——→		0.502
0.501 5			0.502
0.510 5			0.510

四、有效数字的运算

（1）加减法：由误差传递公式可知，和或差的绝对误差总是大于或至少约等于最大的分误差。所以，加减运算对应以末位最高的那个数据的尾数为准，运算过程中其余各量的尾数均比它再低一位，结果的尾数则与它取齐。简记为：加减运算采取"尾数取齐"的法则。

例 2.2　已知 $\omega=a+b+c-d$，且 $a=38.206$，$b=13.248$，$c=161.2$，$d=1.324\,2$，求 ω。

解　显然，a，b，c，d 中 c 之绝对误差最大，且知其尾数在十分位，计算时均将其余三数保留至百分位即可，于是有
$$\omega=38.21+13.25+161.2-1.32=211.34\approx211.3$$
若以计算器计算。其他数据均不舍入，亦可得到同样结果：
$$\omega=211.329\,8\approx211.3$$

（2）乘除法：由误差传递公式可知，乘除法的相对误差总是大于或至少等于各分量中最大的相对误差，而测量值相对误差的大小即可大体上决定测量值的有效数字位数。因此，乘除运算时以各测量值中有效数字位数最少的为准，运算过程中其余各量的位数均比它多一位，运算结果则可与它保留相同位数，或多保留一位。考虑到绝对误差首数小于 3 时取两位的规定，加之相对误差与有效数字位数的对应关系是大体上的，并不十分确定，因此，为慎重起见，我们规定：乘除运算的结果应比参与运算的分量中有效数字位数少的测量值多取一位。把它简记为"多取一位"的法则。最后再与误差的尾数取齐。

例 2.3　已知 $\omega=ab/c$，且 $a=562.312$，$b=1.21$，$c=232.23$，求 ω。

解　a、b、c 三数中，b 之位数最少，三位，因此，a 及 c 在运算时均可取四位，即
$$\omega=562.3\times1.21/232.2=680.4/232.2=2.930$$

（3）四则混合运算则应按照运算顺序，先确定括号内计算结果的位数（包括繁分数的分子或分母），然后确定乘除运算结果的位数，最后确定括号外加减运算结果的位数。

（4）有效数字的函数运算法则。

对于三角函数、开方运算、对数函数及指数函数等函数运算，一般必须先根据误差传递公式求出误差，然后由误差大小决定运算结果的有效数字位数。现举例说明如下：

1）三角函数。

例 2.4　已知 $w = \sin x$，且 $x = 18°30' \pm 10'$，求 w。

解　因为　　　　　$\Delta_w = \cos x \cdot \Delta_x = 0.948\,32 \times 0.002\,9 = 0.002\,8$

所以　　　　　　　　　$w = \sin 18°30' = 0.317\,30 \approx 0.317\,3$

由误差可知 w 应取三位有效数字，并保留一个参考位。

2）开方运算。

例 2.5　已知 $w = x^{1/n}$，且 $x = 8.35 \pm 0.05$，$n = 12$ 为常数，求 w。

解　因为　　　$\Delta w = \dfrac{x^{1/n-1}}{n} \times \Delta x = \dfrac{8.35^{\frac{1}{12}-1}}{12} \times 0.05 = 0.000\,6$

所以　　　　　　　　$w = 8.35^{1/12} = 1.193\,46 \approx 1.193\,5$

可见 w 应取五位有效数字。

3）对数函数。

由误差传递公式可以推知，x 的对数 $\ln x$ 或 $\lg x$ 的有效数字位数可以这样确定：其小数点以后所保留的位数应与真数 x 的有效数字位数相同或多一位。例如：$\ln 85.2 = 445$，小数点后三位，有效数字四位；$\lg 9.6 = 0.982$，小数点后三位（比 9.6 多一位），有效数字亦三位。

4）指数函数。

由误差传递公式可知，指数函数 e^x 及 $10x$ 的有效数字位数可以这样确定：当把运算结果写成科学表达式时，a 的尾数与 x 的尾数取齐即可。例如：$e^{0.002\,15} = 1.008\,18$；$10^{3.16} = 1.45 \times 10^5$ 等。

有效数字运算中应注意的事项：

① 物理公式中有些数值，不是由实验测量出的，例如，圆柱体的体积公式 $V = \dfrac{1}{4}\pi d^2 l$ 中的 1/4 不是测量值，在确定 V 的有效字位数时不必考虑 1/4 的位数。

② 一切近似常数（如 $\sqrt{2}$，$1/3$，π，e 等）与测量值一起运算时，为了防止引入计算误差，一般应比测量值多取 $1 \sim 2$ 位数字。

③ 首位是 8 或 9 的 m 位数值的相对误差和首位数是 1 的 $m+1$ 位数值的相对误差相似，因此在乘除运算中，计数有效数字位数时，对首位数是 8 或 9 的可多算一位。

例如，$9.81 \times 16.24 = 159.3$，按 9.81 是三位有效数字，结果应取 159，但因为 9.81 的首位数是 9，可将 9.81 算作 4 位数，所以结果取 159.3。

④ 有多个数值参加运算时，在运算中应比有效数字运算规则规定的多保留一位，以防止由于多次取舍引入计算误差，但最后结果仍应按有效数字运算规则取舍。例如：

$3.144 \times (3.615^2 - 2.684) \times 12.39 = 3.144 \times (13.068 - 7.2039) \times 12.39 =$
$\qquad\qquad 3.144 \times 5.864 \times 12.39 = 228.43$

五、科学表达式

科学表达式即数值部分用有效数字（小数点前只有一位数）表示，数量级用 10^n 表示。如果测量结果的数值很大或很小，应该用科学表达式表示。如光速写为 $c = 2.998 \times 10^8$ m/s。

注意：在单位变换或一般表达式变换为科学表达式时，有效位数不能改变！

六、测量结果的表示

做完一个实验，不仅要依据物理量之间的函数关系计算出间接测量量的值，同时还必须给出相应的不确定度、单位和置信概率。测量结果的有效位数取决于测量结果的不确定度。

$$Y = \bar{Y} \pm \Delta Y = \underline{\qquad}（单位）$$

$$\frac{\Delta Y}{Y} = \underline{\qquad}$$

对测量结果的表示,一般规定:

(1) 如果直接测量结果是最终结果,不确定度用一位或二位数字表示均可。如果是作为间接测量的一个中间结果,不确定度最好用两位数。相对不确定度一律用两位数的百分数表示。

(2) 不确定度值截断时,采取"不舍只入"的办法,以保证其置信概率水平不降低。例如,计算得到不确定度为 0.241 2 截取两位数为 0.25,截取一位数为 0.3。

(3) 测量结果的最末位以保留的不确定度末位相对齐来确定并截断。测量值的截断采取通常的尾数舍入规则。例如,某测量数据计算的平均值为 1.839 49 m,其标准不确定度计算得 0.013 47 m,则测量结果表示为

$$x = (1.835 \pm 0.014)\ \text{m}, \quad E_x = 0.77\%$$

或 $$x = (1.84 \pm 0.02)\ \text{m}, \quad E_x = 1.1\%$$

2.4　数据处理方法

在物理实验中,我们要对一些物理量进行测量,得到与之相关的数据,而对实验数据进行记录、整理、计算、作图和分析,去粗取精,去伪存真,得到最终结论和实验规律的过程称为数据处理。数据处理是否科学,决定科学结论能否建立与推广,它是物理实验教学中培养学生实验能力和素质的重要环节。数据处理的中心内容是估算待测量的最佳值,估算测量结果的不确定度或寻求多个待测量间的函数关系。不会处理数据或数据处理方法不当,就得不到正确的实验结果。由此可知,数据处理在整个实验过程中有着举足轻重的地位。在物理实验中常用的数据处理方法有列表法、作图法、图解法、逐差法和最小二乘法(直线拟合)等,下面就各方法的内容作详细的介绍。

一、列表法

1. 列表法的基本概述

列表法就是将实验中测量的数据、计算过程数据和最终结果等以一定的形式和顺序列成表格。列表法是记录和处理数据的基本方法,也是其他数据处理方法的基础,一个好的数据处理表格,往往就是一份简明的实验报告。实验数据既可以是同一个物理量的多次测量值及结果,也可以是相关几个量按一定格式有序排列的对应的数值。在实验过程中,对一个物理量进行多次测量或研究几个量之间的关系时,我们往往借助的就是列表法进行数据处理。然而,表格的格式需要按照不同的实验事先设计,一般要求把各个自变量(实验中测量的量)数据、计算过程数值、因变量数值、最后结果按照一定的顺序列成两维表格。可以采用首行是符号栏,首列是序号栏,其余是数据栏的格式。根据需要还可以列出除原始数据以外的计算栏目和统计栏目等。

2. 列表法的优点

列表法简单易行、结构紧凑、条目清晰,既可以简明地反映有关量之间的函数关系,便于及

时检查和发现实验中存在的问题,判断测量结果的合理性;又有助于分析实验结果,找出有关物理量之间存在的规律性联系,进而求出经验公式。

不仅如此,列表还可以提高处理数据的效率,减少和避免差错。根据需要,把某些计算中间项列出来,不但有利于进行有效数字的简化处理,避免不必要的重复计算;还能随时与原始数据进行核对,判断运算是否有错。所以,设计一个简明醒目、合理美观的数据表格,是每一位学生都要掌握的基本技能。

3. 列表法遵循的原则

列表虽然没有统一的格式,但所设计的表格要能充分反映上述优点,应遵循以下原则。

(1) 表的上方应有表头,写明所列表格的名称;

(2) 标题栏目要简单明了、分类清楚,便于显示有关物理量之间的关系;

(3) 各栏目(纵或横)均应注明所记录的物理量的名称及单位,若名称用自定义符号,则应加以说明;

(4) 栏目的顺序应充分注意数据间的联系和计算顺序,力求简明、齐全、有条理;

(5) 列表中的数据主要应是原始测量,数据不应随便涂改,处理过程中的一些重要的中间计算结果也应列入表中;

(6) 对数据的表格,应提供必要的说明和参数,包括表格名称、主要测量仪器的规格(型号、量程、准确度级别或最大允许误差等)、有关环境参数等;

(7) 必要时附加说明。

总而言之,列表的过程就是整理实验思绪的过程,只有在清楚了解并通盘考虑实验目的、原理、方法、步骤以及误差处理要求的基础上,才能列出科学、合理、实用、方便的数据处理表格。

例 2.5 测量电阻的伏安特性,记录数据如表 2.4.1 所示。

表 2.4.1 测电阻伏安特性数据记录表

序号	1	2	3	4	5	6	7	8	9	10	11
U/V	0.0	1.0	2.0	3.0	4.0	5.0	6.0	7.0	8.0	9.0	10.0
I/mA	0.0	2.0	4.0	6.1	7.9	9.7	11.8	13.8	16.0	17.9	19.9

二、作图法

1. 作图法的基本概述

物理实验中测得的各物理量之间的关系,可以用函数式表示,也可以用各种图线表示,后者称为实验数据的图线表示法。实验产生的大量数据其相互之间的关系不是很直观,仅仅通过这些数据的观察是难以把握它们之中所蕴含的科学内涵的。然而通过动手作图能有效地帮助人们形象地,有联系地"看到"这些数据,从而更有效地进行处理分析与推理,这正是数据的可视化。它把形象思维和逻辑思维有机地联系在一起,从而达到启迪思维、促进科学创新的目的。工程师和科学家一般对定量的图线很感兴趣,因为定量图线的形象直观、一目了然,不仅能简明地显示物理量之间的相互关系、变化趋势,而且能方便地找出函数的极大值、极小值、转折点、周期和其他奇异性,特别是对那些尚未找到适当解析函数表达式的实验结果,可以从图示法所画出的图线中去寻找相应的经验公式,从而提出物理量之间的变化规律。

2. 作图法的优点

利用作图分析物理量之间的关系有以下优点。

(1) 作图法具有简明、直观、形象地显示物理量之间关系的特点。尤其是对多条图线进行比较时,比列表法更形象。

(2) 可以根据图线的形状和变化趋势分析研究物理量之间的变化规律,找出相互对应的函数关系,甚至外推某些规律或得到所求的参量。

(3) 可以作出仪器的校准曲线。

(4) 曲线改值。在用图像法处理实验数据时,物理量之间可能存在各种各样的函数关系。如果通过适当的坐标变换,将物理量之间的非线性关系转化为一次函数关系,则图像将由曲线转化为直线。这样物理量之间的关系会变得更加直观,研究问题的分析也会更加简便。

3. 作图法所遵循的规则

作图并不复杂,但对于许多学生来说,却是一种困难的科学技巧,这是由于他们缺乏基本的训练,而在思想上对作图又没有足够的重视所致。只要认真对待,并遵循一定的作图的一般规则进行一段时间的训练,是能够绘制出相当好的图线的。

制作一副完整的、正确的图线,其基本步骤包括:图纸的选择,坐标的分度和标记,标出每个实验点,作出一条与许多实验点基本符合的图线,以及注解和说明等。

(1) 图纸的选择。

作图必须用坐标纸。当决定了作图的参量以后,根据情况选择直角坐标纸(毫米方格纸)、极坐标纸或其他坐标纸。

直线是最容易绘制的图线,也便于使用,所以在已知函数关系的情况下,作两个变量之间的关系图线时,最好通过适当的变换将某种函数关系的曲线改为线性函数的直线。

例如:

1) $y = ax + b$, y 与 x 为线性函数关系,所以选用直角坐标系就可以得直线。

2) $y = a\dfrac{1}{x} + b$, 若令 $u = \dfrac{1}{x}$, 则得 $y = au + b$, y 与 u 为线性函数关系,以 y, u 作坐标时,在线性直角坐标纸上也是一条直线。

3) $y = ax^b$, 取对数,则 $\lg y = \lg a + b\lg x$, $\lg y$ 与 $\lg x$ 为线性函数关系,应选用对数坐标纸,不必对 x, y 作对数计算,就能得到一条直线。

4) $y = ae^{bx}$, 取自然对数,则 $\ln y = \ln a + bx$, $\ln y$ 与 x 为线性函数关系,应选用半对数坐标纸。

图纸大小的选择,原则上以不损失实验数据的有效位数为原则并能包括所有实验点作为选取图纸大小的最低限度,即图上的最小分格至少应与实验数据中最后一位准确数字相当。

(2) 坐标的分度及标记。

对于直角坐标系,要以自变量为横轴,以因变量为纵轴。用粗实线在坐标纸上描出坐标轴,标明其所代表的物理量(或符号)及单位,在轴上每隔一定间距标明该物理量的数值。

坐标纸的大小及坐标轴的比例,要根据测得值的有效数字和结果的需要来定。原则上讲,数据中的可靠数字在图中应为可靠的,而最后一位的估读数在图中亦是估计的,即不能因作图而引进额外的误差。在坐标轴上每隔一定间距应均匀地标出分度值,标记所有有效数字位数应与原始数字的有效位数相同,单位应与坐标轴的单位一致。坐标的分度应以不用计算便能确定各点的坐标为原则,为便于读图通常只用1,2,5,10等进行分度,而不用3,7等进行分度。为了充分利用坐标纸并使图线布局合理,坐标分度不一定从零开始,可以用低于原始数据的某一整数作为坐标分度的起点,用高于测量所得最高值的某一整数作为终点,这样的图线就能充满所选用的整个图纸。

(3) 标实验点。

要根据所测得的数据,用明确的符号准确地表明实验点,要做到不错不漏。常用的符号表示有"+""×""⊙""△"等符号标出。若在同一图纸上画不同图线,标点应该用不同符号,以便区分。同时应在不同的曲线旁边上文字标注,以便识别。还可用不同颜色对不同的曲线加以区分。

(4) 连接实验图线。

把实验点连接成图线。由于每个实验数据都有一定的误差,所以图线不一定要通过每个实验点。应该按照实验点的总趋势,把实验点连成光滑的曲线(仪表的校正曲线不在此列),使大多数的实验点落在图线上,其他的点在图线两侧均匀分布,这相当于在数据处理中取平均值。对于个别偏离图线很远的点,要重新审核,进行分析后决定是否应剔除。

在确信两物理量之间的关系是线性的,或所有的实验点都在某一直线附近时,将实验点连成一直线。

(5) 注解和说明。

作完图后,在图的明显位置上标明图名、作者和作图日期,有时还要附上简单的说明,如实验条件等,使读者能一目了然,最后要将图黏贴在实验报告上。

图 2.4.1 为铜丝电阻与温度之间的关系曲线。

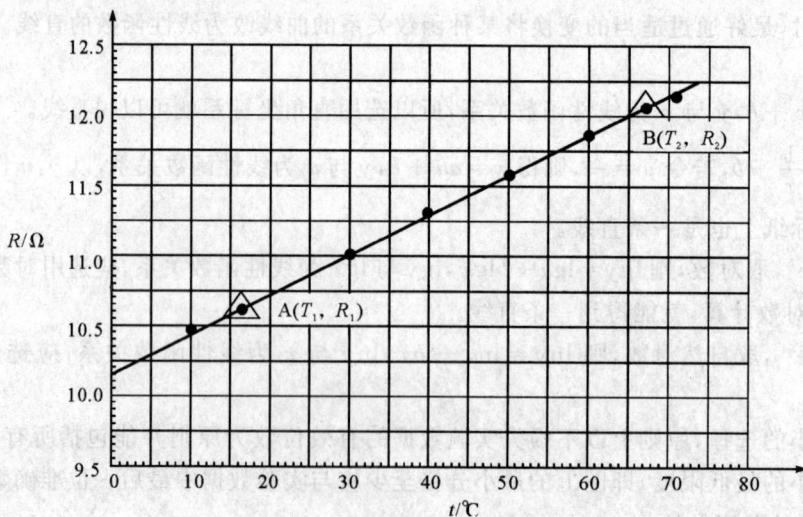

图 2.4.1　铜丝的电阻与温度的关系曲线

三、图解法

1. 图解法的概述

利用已作好的图线,定量地求得待测量或得出经验公式,称为图解法。例如,可以通过图中直线的斜率或截距求得待测量的值;可以通过内插或外推求得待测量的值;还可以通过图线的渐近线,以及通过图线的叠加、相减、相乘、求导、积分、求极值等来得出某些待测量的值。这里主要介绍直线图解法求出斜率或截距,进而得出完整的直线方程,以及插值法求待测量的值。

2.图解法的步骤

图解法就是根据实验数据作好的图线,用解析法找出相应的函数形式。实验中经常遇到的图线是直线、抛物线、双曲线、指数曲线、对数曲线。特别是当图线是直线时,采用此方法更为方便。一般步骤如下。

(1)选点。

在直线上选两点 $A(x_1, y_1)$ 和 $B(x_2, y_2)$,A,B 两点一般不为实验点。为了减小误差,A,B 两点应相隔远一些。如果两点太靠近,计算斜率时会使结果的有效数字减少;但也不能超出实验数据的范围以外,因为选这样的点无实验依据。用与表示实验点不同的符号将 A,B 两点在直线上标出,并在旁边标明其坐标值。

(2)求斜率。

将 A,B 两点的坐标值分别代入直线方程 $y = kx + a$,可解得斜率

$$k = \frac{y_2 - y_1}{x_2 - x_1} \tag{2.4.1}$$

(3)求截距。

如果横坐标的起点为零,则直线的截距可从图中直接读出;如果横坐标的起点不为零,则可用下式计算直线的截距

$$a = \frac{x_2 y_1 - x_1 y_2}{x_2 - x_1} \tag{2.4.2}$$

将求得的 k, a 的数值代入方程 $y = kx + a$ 中,就得到经验公式。

下面介绍用图解法求 2 个物理量线性的关系,并用直角坐标纸作图验证欧姆定律。给定电阻为 $R = 500\ \Omega$,所得数据见表 2.4.2 和图 2.4.2。

表 2.4.2　验证欧姆定律数据表

次序	1	2	3	4	5	6	7	8	9	10
U/V	1.00	2.00	3.00	4.00	5.00	6.00	7.00	8.00	9.00	10.00
I/mA	2.12	4.10	6.05	7.85	9.70	11.83	13.78	16.02	17.86	19.94

求直线斜率和截距而得出经验公式时,应注意以下两点。第一,计算点只能从直线上取,不能选用实验点的数据。从图中不难看出,如用实验点 a,b 来计算斜率,所得结果必然小于直线的斜率。第二,在直线上选取计算点时,应尽量从直线两端取,不应选用两个靠得很近的点。图 2.4.2 中如选 c,d 两点,则因 c,d 靠得很近,$(I_c - I_d)$ 及 $(U_c - U_d)$ 的有效数字位数会比实测得的数据少很多,这样会使斜率 k 的计算结果不精确。因此必须用直线两端的 A,B 两点来计算,以保证较多的有效位数和尽可能高的精确度。计算公式为

$$k = \frac{I_A - I_B}{U_A - U_B} = \frac{(19.94 - 2.12)\ (\text{mA})}{(10.00 - 1.00)\ (\text{V})} = \frac{17.82\ (\text{mA})}{9.00\ (\text{V})} = 1.98 \times 10^{-3} \left(\frac{1}{\Omega}\right)$$

不难看出,将$(U_A - U_B)$取为整数值可使斜率的计算方便得多。

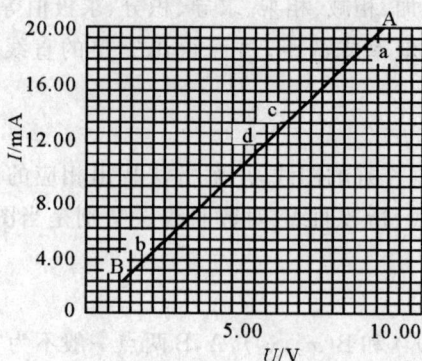

图 2.4.2　电流与电压关系

四、逐差法

逐差法又称逐差计算法,是对等间隔测量的数据进行逐项或隔项相减来获得实验结果的数据处理方法。它计算简便,既可以验证函数的表达形式,又可以充分利用测量数据,及时发现错误、总结规律,起到减小随机误差的作用。

当两个变量之间存在线性关系,且自变量为等差级数变化的情况下,常采用逐差法处理一元线性拟合问题。逐差法不像作图法拟合直线那样具有较大的随意性,且比最小二乘法计算简单而结果相近,在物理实验中是常用的数据处理方法。

1. 逐项逐差

逐项逐差可以验证线性函数。方法是:将对应于各个自变量x_i的函数值y_i逐项相减,如果相应的各函数值逐项相减一次都得一常量,即说明y是x的函数。对线性函数的验证如下所述。

当$y = ax + b$时,测得(x_i, y_i),令$x_i = x_0 + i\Delta x$,有

$$y_i = a + b(x_0 + i\Delta x) \quad (i = 1, 2, \cdots, n)$$

对以上各方程逐差一次,得

$$y_i - y_{i-1} = b\Delta x \quad (i = 1, 2, \cdots, n)$$

以上各式中的Δx是自变量每次的增量,但由于x是等间隔变化的,所以$b\Delta x$为一恒量。因此,当各函数值的一次逐差结果都是恒量时,则函数是线性函数。

2. 隔项逐差

隔项逐差是物理实验中经常采用的数据处理方法之一,该方法一般用于等间隔线性变化的测量中。

根据误差处理,我们知道多次测量的算术平均值是测量的最佳值,为了减小随机误差,在实验过程中测量次数应尽量多。但在等间隔线性变化测量中,如果仍用一般的求平均值的方法,结果将发现只有第一次和最后一次测量值有用,其中间值全部抵消了,这样就无法反映出多次测量能减小随机误差的优点。为保持多次测量的优点,应采用隔项逐差的方法。该方法是:将测得的数据按次序等分为前后两组,将后一组的第一项与前一组的第一项相减,后一组的第二项与前一组的第二项相减,……再利用各项减项的差值求出被测量的算术平均值。

3. 一次逐差和二次逐差

对多项式实施一次逐差处理，即逐差一次，称为一次逐差。在对多项式进行一次逐差之后，再接着进行第二次逐差处理，即逐差二次，二次逐差要在一次逐差的基础上进行。一次逐差用于线性函数的验证与求值，二次逐差用于二次多项式的验证与求值。现仅对二次逐差作一简单介绍。

当 $y = a + bx + cx^2$ 时，测得 (x_i, y_i)，则可以推导

$$\delta^2 y_i = \delta y_{i+1} - \delta y_i = 2c(\Delta x)^2 \quad (i = 1, 2, \cdots, n)$$

其中 $\delta y_i = y_{i+1} - y_i$ 为一次逐差结果，Δx 为自变量每次变化值（为恒定值），故若发现二次逐差量为定值时，可说明 y 是 x 的二次多项式。

4. 关于逐差法的说明

（1）在验证函数表达式的形式时，要用逐项逐差，不用隔项逐差，这些可以检验每个数据点之间的变化是不是符合规律。

（2）在求某一物理量的算术平均值时，要用隔项逐差，不用逐项逐差；否则只有首位两项数据起作用，中间数据会相互消去而白白浪费。

（3）一次逐差用于线性函数，二次逐差用于二次多项式。

（4）在工科物理教学实验中所用到的逐差法，大多为线性函数的求值问题，因此，对一次隔项逐差求算术平均值的方法，应当牢固掌握、熟练运用。

（5）逐差法只适用于自变量 x 为等间隔变化而函数 y 为线性函数或多项式形式的函数。后者需用多次逐差，一般用来验证多项式形式的函数关系。

5. 逐差法的局限性

逐差法有其局限性，如非线性函数线性化以后，如果原来各个数据是等精度的，经过函数变换以后可能成为非等精度的，此时用逐差法处理数据就是要考虑这个问题；其次，用逐差法求多项式的系数时，是先得求出最高次项系数，再逐步推其低次项系数，而高次项系数是经 n 次逐差而得到的，在某些情况下可以较准确，而在许多情况下往往是不太准确的。由于误差的传递，低次项系数的精确度就更差了。因此，逐差法处理数据除一次项逐差法外，较少求低次项系数。

但是，由于逐差法只是需要用简单的代数运算就可以进行计算，其处理方法的物理内涵明确，方法简单易懂。因此，作为基本的实验数据处理方法的训练内容，在基础物理实验中还是一种良好的处理方法。

在拉伸法测量钢丝的杨氏弹性模量实验中，已知望远镜中标尺读数 x 和加砝码质量 m 之间满足线性关系 $m = kx$，式中 k 为比例常数，现要求计算 k 的数值，见表 2.4.3。

表 2.4.3　标尺读数与所加砝码质量数据

次序	1	2	3	4	5	6	7	8	9	10
m/kg	0.500	1.000	1.500	2.000	2.500	3.000	3.500	4.000	4.500	5.000
x/cm	15.95	16.55	17.18	17.80	18.40	19.02	19.63	20.22	20.84	21.47

见表 2.4.3，如果用逐项相减，然后再计算每增加 0.500 kg 砝码标尺读数变化的平均值 $\overline{\Delta x_i}$，即

$$\overline{\Delta x_i} = \frac{\sum_{i=1}^{n} \Delta x_i}{n} = \frac{(x_2 - x_1) + (x_3 - x_2) + \cdots + (x_{10} - x_9)}{9} =$$

$$\frac{(x_{10} - x_1)}{9} = \frac{21.47 - 15.95}{9} = 0.613 \text{ cm}$$

于是比例系数

$$k = \frac{\overline{\Delta x_i}}{\Delta m} = 1.23 \text{ cm/kg} = 1.23 \times 10^{-2} \text{ m/kg}$$

这样中间测量值 $x_9, x_8, \cdots, x_2$ 全部未用,仅用到了始末 2 次测量值 x_{10} 和 x_1,它与一次增加 9 个砝码的单次测量等价。若改用多项间隔逐差,即将上述数据分成后组($x_{10}, x_9, x_8, x_7, x_6$)和前组($x_5, x_4, x_3, x_2, x_1$),然后对应项相减求平均值,即

$$\overline{\Delta x_5} = \frac{(x_{10} - x_5) + (x_9 - x_4) + (x_8 - x_3) + (x_7 - x_2) + (x_6 - x_1)}{5} =$$

$$\frac{1}{5} \left[(21.47 - 18.40) + (20.84 - 17.80) + (20.22 - 17.18) + \right.$$

$$(19.63 - 16.55) + (19.02 - 15.95) \left] = \right.$$

$$\frac{1}{5}(3.07 + 3.04 + 3.04 + 3.08 + 3.07) = 3.06 \text{ cm}$$

于是

$$k = \frac{\overline{\Delta x_5}}{5m} = \frac{3.06}{5 \times 0.500} = 1.22 \text{ cm/kg} = 1.22 \times 10^{-2} \text{ m/kg}$$

Δx_5 是每增加 5 个砝码,标尺读数变化的平均值。这样全部数据都用上,相当于重复测量了 5 次。应该说,这个计算结果比前面的计算结果要准确些,它保持了多次测量的优点,减少了测量误差。

五、最小二乘法(线性回归)

由一组实验数据拟合出一条最佳直线,常用的方法是最小二乘法。设物理量 y 和 x 之间的满足线性关系,则函数形式为

$$y = a + bx$$

最小二乘法就是要用实验数据来确定方程中的待定常数 a 和 b,即直线的截距和斜率。

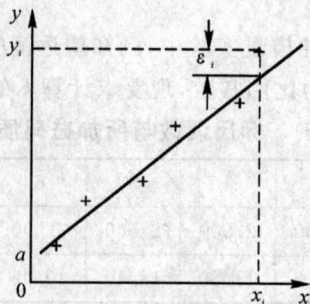

图 2.4.4　y_i 的测量偏差

我们讨论最简单的情况,即每个测量值都是等精度的,且假定 x 和 y 值中只有 y 有明显的

测量随机误差。如果 x 和 y 均有误差,只要把误差相对较小的变量作为 x 即可。由实验测量得到一组数据为 $(x_i, y_i; i=1,2,\cdots,n)$,其中 $x=x_i$ 时对应的 $y=y_i$。由于测量总是有误差的,我们将这些误差归结为 y_i 的测量偏差,并记为 $\varepsilon_1, \varepsilon_2, \cdots, \varepsilon_n$,见图 2.4.4。这样,将实验数据 (x_i, y_i) 代入方程 $y=a+bx$ 后,得到

$$\left. \begin{aligned} y_1 - (a + bx_1) &= \varepsilon_1 \\ y_2 - (a + bx_2) &= \varepsilon_2 \\ &\cdots \\ y_n - (a + bx_n) &= \varepsilon_n \end{aligned} \right\}$$

我们要利用上述的方程组来确定 a 和 b,那么 a 和 b 要满足什么要求呢?显然,比较合理的 a 和 b 是使 $\varepsilon_1, \varepsilon_2, \cdots, \varepsilon_n$ 数值上都比较小。但是,每次测量的误差不会相同,反映在 $\varepsilon_1, \varepsilon_2, \cdots, \varepsilon_n$ 大小不一,而且符号也不尽相同。所以只能要求总的偏差最小,即

$$\sum_{i=1}^{n} \varepsilon_i^2 \rightarrow \min$$

令

$$S = \sum_{i=1}^{n} \varepsilon_i^2 = \sum_{i=1}^{n} (y_i - a - bx_i)^2$$

使 S 为最小的条件是

$$\frac{\partial S}{\partial a} = 0, \quad \frac{\partial S}{\partial b} = 0, \quad \frac{\partial^2 S}{\partial a^2} > 0, \quad \frac{\partial^2 S}{\partial b^2} > 0$$

由一阶微商为零得

$$\left. \begin{aligned} \frac{\partial S}{\partial a} &= -2 \sum_{i=1}^{n} (y_i - a - bx_i) = 0 \\ \frac{\partial S}{\partial b} &= -2 \sum_{i=1}^{n} (y_i - a - bx_i) x_i = 0 \end{aligned} \right\}$$

解

$$a = \frac{\sum\limits_{i=1}^{n} x_i \sum\limits_{i=1}^{n} (x_i y_i) - \sum\limits_{i=1}^{n} x_i^2 \sum\limits_{i=1}^{n} y_i}{\left(\sum\limits_{i=1}^{n} x_i \right)^2 - n \sum\limits_{i=1}^{n} x_i^2} \tag{2.4.3}$$

$$b = \frac{\sum\limits_{i=1}^{n} x_i \sum\limits_{i=1}^{n} y_i - n \sum\limits_{i=1}^{n} (x_i y_i)}{\left(\sum\limits_{i=1}^{n} x_i \right)^2 - n \sum\limits_{i=1}^{n} x_i^2} \tag{2.4.4}$$

令 $\bar{x} = \dfrac{1}{n} \sum\limits_{i=1}^{n} x_1, \bar{y} = \dfrac{1}{n} \sum\limits_{i=1}^{n} y_i, \overline{x}^2 = \left(\dfrac{1}{n} \sum\limits_{i=1}^{n} x_i \right)^2, \overline{x^2} = \dfrac{1}{n} \sum\limits_{i=1}^{n} x_i^2, \overline{xy} = \dfrac{1}{n} \sum\limits_{i=1}^{n} (x_i y_i)$,则

$$a = \bar{y} - b\bar{x} \tag{2.4.5}$$

$$b = \frac{\overline{xy} - \overline{x}\,\overline{y}}{\overline{x^2} - \overline{x}^2} \tag{2.4.6}$$

如果实验是在已知 y 和 x 满足线性关系下进行的,那么用上述最小二乘法线性拟合(又称一元线性回归)可解得截距 a 和斜率 b,从而得出回归方程 $y=a+bx$。如果实验是要通过对 x, y 的测量来寻找经验公式,则还应判断由上述一元线性拟合所确定的线性回归方程是否恰当。这可用下列相关系数 r 来判别

$$r = \frac{\overline{xy} - \bar{x}\bar{y}}{\sqrt{(\overline{x^2} - \bar{x}^2)(\overline{y^2} - \bar{y}^2)}} \quad\quad (2.4.7)$$

其中 $\bar{y}^2 = \left(\frac{1}{n}\sum_{i=1}^{n} y_i\right)^2$，$\overline{y^2} = \frac{1}{n}\sum_{i=1}^{n} y_i^2$。

r 值在 $0 < |r| < 1$ 中，$|r|$ 越接近于 1，x，y 之间线性越好，如图 2.4.5 所示，$r = 0.93$ 时，x，y 之间的线性比 $r = 0.6$ 时线性要好。

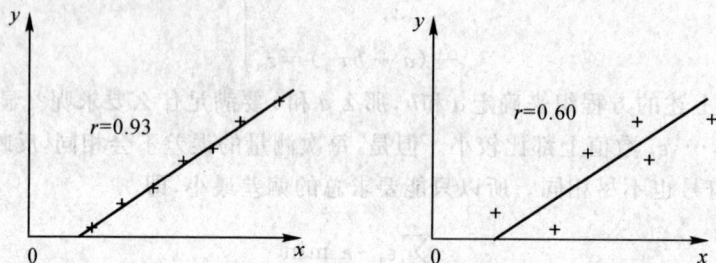

图 2.4.5　相关系数与线性关系

习　　题

1. 用精密天平称一物体的质量 m，共称 5 次，结果分别为 3.612 7 g，3.612 2 g，3.612 1g，3.612 0 g 和 3.612 5 g。试求这些数据的平均值、绝对误差及相对误差。

2. 有甲乙丙丁四人，用螺旋测微计测量一刚球直径，个人所得的结果：

甲：$(1.283\ 2 \pm 0.000\ 2)$ cm；乙：$(1.283 \pm 0.000\ 2)$ cm；丙：$(1.28 \pm 0.000\ 2)$ cm；丁：$(1.28 \pm 0.000\ 2)$ cm。问那个人表示正确？其他人的结果表达式错在哪里？

3. 用米尺测量一物理的长度，测得的数值为 98.98 cm，98.94 cm，98.96 cm，98.97 cm，99.00 cm，98.95 cm，98.97 cm。求其平均值、绝对误差和相对误差。

4. 在测固体比热实验中，放入量热器的固体的起始温度是 $T_3 = (99.5 \pm 0.2)$ ℃，固体放入水中后，温度逐渐下降，当达到称定时 $T_2 = (99.5 \pm 0.2)$ ℃，试求温度降低值 $T_1 = T_3 - T_2$ 的表达式及相对误差。

5. 用米尺测得正方形某一边的边长为 $a_1 = 2.01$ cm，$a_2 = 2.00$ cm，$a_3 = 2.04$ cm，$a_4 = 1.98$ cm，$a_5 = 1.97$ cm，求正方形面积和周长的平均值、绝对误差和相对误差。

6. 一个铅圆柱体，测得其直径 $d = (2.04 \pm 0.01)$ cm，高度 $h = (4.12 \pm 0.01)$ cm，质量 $m = (149.18 \pm 0.05)$ g。

(1) 计算铅的密度 ρ。

(2) 计算铅密度 ρ 的相对误差和绝对误差。

7. 按照误差理论和有效数字运算规则，改正以下错误。

(1) $N = (10.800\ 0 \pm 0.2)$ cm

(2) 有人说 0.287 0 有五位有效数字，有人说只有三位（因为两个"0"都不算有效数字），请纠正并说明原因。

(3) 有人说 8×10^{-5} g 比 8.0 g 测得准确，试纠正并说明原因。

(4)28 cm＝280 mm

(5)$L = (28\ 000 \pm 8\ 000)$ mm

(6)$0.022\ 1 \times 0.002\ 21 = 0.000\ 488\ 41$

(7)$(400 \times 1\ 500) \div (12.60 - 11.6) = 600\ 000$

8.试利用有效数字运算规则计算下列格式的结果。

(1)$98.754 + 1.3 = ?$

(2)$107.50 - 2.5 = ?$

(3)$111 \times 0.100 = ?$

(4)$237.5 \div 0.10 = ?$

(5)$76.000 \div (40.00 - 2.0) = ?$

(6)$50.00 \times (18.30 - 16.3) \div [(103 - 3.0) \times (1.00 + 0.001)] = ?$

(7)$100.0 \times (5.6 + 4.412) \div [(78.00 - 77.0) \times 10.000] + 110.0 = ?$

9.某同学测量弹簧倔强系数的数据如下表：

F/g	2.00	4.00	6.00	8.00	10.00	12.00	14.00
y/cm	6.90	10.00	13.05	15.95	19.00	22.05	25.10

其中 F 为弹簧所受的作用力，y 为弹簧的长度，已知 $y - y_0 = (\frac{1}{k})F$，试用作图法求弹簧的倔强系数 k，及弹簧的原来长度 y_0。

10.伏安法测电阻的数据如下表，试求回归直线，并写出测量结果 R 值。

I/mA	2.00	4.00	6.00	8.00	10.00	12.00	14.00	16.00	18.00	20.00
U/V	1.00	2.01	3.05	4.00	5.01	5.99	6.98	8.00	9.00	9.96

11.用双臂电桥对某一电阻作多次等精度测量，测得数据如下：

$R(\Omega)$:12.06,12.10,12.12,12.15,12.16,12.17,12.19,12.21,12.22,12.25,12.26,
12.35,12.42,12.83

试用 3σ 准则判断该测量列中是否有坏值，计算检验后的算术平均值及平均值的标准差，正确表达测量结果。

第3章　物理实验的基本方法

3.1　物理实验思想和方法的形成

物理学发展至今,历经了数以万计成功的、失败的、著名的和平凡的实验,历代物理学家和科技工作者都曾置身于这艰苦的实验研究之中,用他们的智慧和心血,换来了今日物理学中的累累硕果。每一个实验,都会有自身的一套方法用来测量相关的物理量。我们把对物理量的具体测量的方法叫测量方法,把对各类实验都通用的方法叫实验方法,把在选用实验方法,进行实验设计,编排实验或在实验中进行调节和测量时具有普遍指导意义的思想称为实验思想。

公元前2－3世纪,阿基米德除了做杠杆、滑轮等实验外,还进行了浮力的观察和研究。他指出,浸在液体中的物体所受的浮力等于它排开液体的重量,从而建立了浮力定律,至今阿基米德原理仍被用于科学实验的各个领域之中。在中国的古书中也有过古人进行物理实验的记载,如《墨经》中的小孔成像,平面镜和凹、凸面镜与成像大小的关系,像的正倒与位置关系的记载等。但毕竟那时的实验是零散的,定量的实验还较少,大多数实验仅限于现象的描述,或只作一般的解释,没有形成系统理论,或是有了理论的轮廓(或雏形),却没有经过再实验的验证循环过程去完善和提高。

物理学发展到16世纪以后,以伽利略为代表的一批杰出的物理学家,把物理实验方法和物理规律的研究结合起来形成了较系统的科学实验思想体系,把实验方法发展到一个崭新的高度,对物理学的发展做出了划时代的贡献。正如他自己在《两种新科学的对话》中所述:"我们可以说,大门已经向新方向打开,这种将带来大量奇妙成果的新方法,在未来年代会博得许多人的重视"。事实正是如此,当代著名物理学家爱因斯坦在《物理学时进化》中,对伽利略的科学思想方法给予了高度评价。他指出:"伽利略的发现,以及他所用的科学推理方法,是人类思想史上最伟大的成就之一,而且标志着物理学的真正开端。"

伽利略的科学思想中包含有辩证唯物主义的认识论和方法论的成分,他关于物理实验的科学思想,影响着历代科学工作者,至今对我们的实验工作和学习仍具有一定的指导意义。

物理实验是探索物质间的相互作用,研究自然现象的本质与规律的必要途径。在确定了研究方向和实验目的后,如何寻求最佳的实验方案,选择合适的实验条件及测量方法,进行精心的设计,合理的安排和认真的观测、测量,悉心的分析和处理数据,得出可靠的结论等等,是实验能否达到预期目标的关键。在实验物理学数百年的发展进程中,出现过众多卓越的实验,它们以其巧妙的物理构思,独到的处理和解决问题的方法,精心设计的仪器,完善的实验安排,高超的测量技术,对实验数据的精心处理和无懈可击的分析判断等,为我们展示了极其丰富和精彩的物理思想,提示了解决问题的途径和方法。这些思想和方法已经超越了各个具体实验而具有普遍的指导意义。学习和掌握物理实验的设计思想,测量和分析的方法,对物理实验课及其他学科的学习和研究都大有裨益。在此我们简要地介绍一些有关物理实验的测量和分析方法。

3.2　物理实验分析方法

一、数量级估计法

实验物理学家在着手准备精确测量之前,为选择合适的仪器和测量方法,常常需要对各种物理量的数量级先作一番估计。掌握特征量的数量级,往往是研究一个物理问题时切入正题的关键。一个实验经验很丰富的人,必然会对数量级有直觉的感知,一眼就能估计出这个实验的精度有多高,即哪些因素会影响实验结果,要提高测量精度,应如何改变测量条件,采取何种测量方法等。这些经验需要一个日积月累的过程。因此,我们在一开始学习物理和学做物理实验时,就应该经常练习对各种事物的数量级作出快速反应,粗略地估计其数量级范围,留心尺度大小改变时所产生的影响,各参变量之间的关系,相互作用的影响,有意识地将这种作法养成习惯,久而久之,可以加深我们对物理现象的感知,从而增进我们对事物本质的洞察力。

1.通过数量级的分析,抓住主要影响量

在每一个物理实验中,都有数不清的因素会对实验过程的各个环节带来影响。这些因素对实验结果的影响程度有很大差异。通常我们要抓住对实验有较大影响的主要因素,抛开(或忽略)那些与主要因素相比影响要小得多的次要因素。

例如在单摆实验中,理想的单摆,应该是一根没有质量、没有弹性的线,系住一个没有体积的质点,在真空中纯粹由于重力作用,在与地面垂直的平面内作摆角趋于零的自由振动。而这种理想的单摆,实际上是不存在的。我们实际的单摆实验,悬线是一根有质量、有弹性的线,摆球是有质量有体积的刚性小球,而且又受空气浮力的影响。如图 3.2.1 所示。

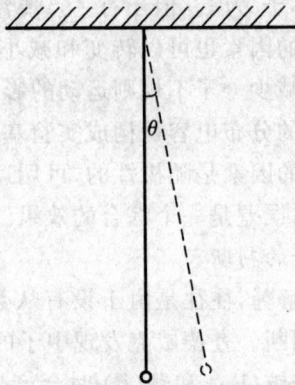

图 3.2.1　单摆

单摆周期的公式为

$$T = 2\pi \sqrt{\frac{l}{g}} \left[1 + \frac{d^2}{20l^2} - \frac{m_0}{12m} \left(1 + \frac{d}{2l} + \frac{m_0}{m} + \frac{\rho_0}{2\rho} + \frac{\theta^2}{16} \right) \right]$$

式中,T 是单摆的振动周期;l,m_0 是单摆的线长和质量;d,m,ρ 是单摆球的直径、质量和密度;

ρ_0 是空气密度；θ 是摆角。设 $m=33.0\text{ g}, m_0=0.1\text{ g}, l=80.0\text{ cm}, d=2.00\text{ cm}, \rho=7.8\text{ g/cm}^3,$
$\rho_0=1.3\times10^{-3}\text{ g/cm}^3, \theta=5°$。

摆球几何形状对 T 的修正量为：$\dfrac{d^2}{20l^2}\approx 3\times10^{-5}$；

摆的质量的修正为：$\dfrac{m_0}{12m}\left(1+\dfrac{d}{2l}+\dfrac{m_0}{m}\right)\approx 2.6\times10^{-4}$；

空气浮力的修正为：$\dfrac{\rho_0}{2\rho}\approx 8\times10^{-5}$；

摆角的修正为：$\theta=5°$ 时，$\dfrac{\theta^2}{16}\approx 4.8\times10^{-4}$；$\theta=3°$ 时，$\dfrac{\theta^2}{16}\approx 1.7\times10^{-4}$。

实验精度要求在 10^{-3} 内，这些修正项都可忽略不计。若要求更高的精度，则这些因素就不可忽略，而必须考虑。

2. 通过数量级分析，确定基本误差和减少不确定因素

上面单摆的例子是针对某一个因素或某一物理量来讲的，实际上各个因素之间是相互联系的，并互相制约。如果在一个实验中有一个误差很大的因素，那么，其他量测量得再精确也是毫无意义的。例如在比热实验中，温度与质量的测定就采用了不同的测量精度。

由于各种不可制约的随机因素的影响（例如实验条件和环境），或仪器分辨能力的局限，或观测者感觉灵敏度（分辨率和反应能力等）的限制，每个实验都存在基本误差。基本误差是指在一定条件下实验误差的最低限度，一般是给出一个数量级或给出一位数。对于各种仪器和各学科中的各类实验，在不同的环境条件下进行，各人的测量，其基本误差的大小是不同的。例如用石英晶体振荡器定标的计时器，一般情况下基本误差为 10^{-4} 至 10^{-5} s；在恒温条件下为 10^{-6} s；而作为时间测量标准用，经过精密加工的石英晶体配合精密的辅助电路，在训练有素的科技人员的测量中，基本误差却可小于 10^{-9} s。

对一个实验的基本误差有所了解以后，就可以以此去衡量实验中其他因素的影响。数量级远小于基本误差的因素就可以不予考虑。但还有一点要注意，随着实验方法、实验技巧或仪器装置的改进，构成实验基本误差的因素也可以转变和减小。例如吴健雄教授在设计验证弱相互作用宇称不守恒的实验时，为减少分子不规则运动的影响，而将测量放到低温下去进行。再如普通物理实验中，当空间杂散的分布电容是构成实验基本误差的主要因素时，可用屏蔽的方法来解决；若构成实验基本误差的因素是随机性的，可用适当增加测量次数的方法来减少这种误差，等等。在许多情况下，基本误差是一个综合的效果。

3. 利用数量级的分析作为实验的判断

有时，实验结果得不到正确的解释，往往是由于没有从数量级上进行分析。事实证明，有时仅从数量级的分析就可以作出判断。查德威克发现中子的过程就是一个很好的例证。当时居里夫妇已经观测到用 α 粒子轰击铍（Be）和硼（B）时会产生一种中性辐射，这种辐射能够从含氢的物质中打出速度相当大的质子。在他们的实验中，用 α 粒子轰击铍所产生的辐射通过一个薄窗口进入装有常压空气的电离室中，当他们把石蜡或含氢物质放在这个室的窗前时，电离室中空气的电离量就增加了，甚至是成倍地增加，他们把这看作是由于质子被打出造成的。进一步的实验证明这种质子具有 3×10^9 cm/s 的速度。他们认为，能量是通过类似于电子的康普顿效应的某个过程，从这种中性辐射传递给质子的，并估计这种中性辐射的量子能量为 50×10^6 eV。于是矛盾产生了。根据克莱因-仁科公式所算出的质子散射频率，比观测到的结

果小了三个数量级。此外,很难解释一个 Be 核与一个动能为 5×10^6 eV 的 α 粒子相互作用,竟能产生一个 50×10^6 eV 的量子。这样的矛盾引导查德威克用"中子"——一种质量近似于质子而不带电的新粒子来解释。中子的发现使查德威克荣获了 1935 年的诺贝尔物理奖。

二、量纲分析法

用量纲分析法去寻求物理量之间的联系,并建立物理方程,亦是物理实验中常用的方法之一。在物理学中,仅仅靠量纲分析,也可以得到某些重要结论,虽然不是每一个问题都可能得到完全的定量结果,但往往与它只差一个无量纲的未知函数或未知系数。有时,借助于量纲以及其他来源的知识和推理(如已知的特例或实验规律等),还可以不太难地进一步获得未知系数的特征,甚至将它完全确定下来。当然最终的结果还需依赖实验的检验。

例 3.1　用量纲分析法导出开普勒第三定律。

由牛顿的万有引力定律可知,真空中两个质量为 m_0, m_1 的物体之间的万有引力为:$F = Gm_0 m_1 / r^2$,式中 r 为两物体之间的距离,G 是万有引力常数。如果 $m_0 \gg m_1$,则认为 m_1 在万有引力下绕 m_0 作圆周运动。显然,影响 m_1 运动周期的物理量有 m_0, m_1, r 和 G。但 m_1 的影响可以忽略不计,因为 m_1 增大一倍,F 也增大一倍,即 m_1 的法向加速度不变(即 v^2/r 不变)。v 是切向速度,于是 m_1 运动的周期写出量纲公式

$$T = f(m_0, r, G) = k m_0^\alpha r^\beta G^\gamma$$

因为 m_1 的量纲为 [M],r 的量纲为 [L],G 的量纲为 $[M^{-1} L^3 T^{-2}]$,据等式两边量必须相等的原理,$\alpha - \gamma = 0, \beta + 3\gamma = 0, -2\gamma = 1$,则

$$[T] = [M]^\alpha [L]^\beta [M^{-1} L^3 T^{-2}]^\gamma$$

于是有

$$T = k r^{3/2} \sqrt{Gm_0}$$

这与开普勒第三定律 $T^2/R^3 = 4\pi^2/(GM_0)$ 相符。

3.3　物理实验的基本测量方法

一、比较测量法

比较测量法亦称相对测量法,是利用已知其精确数据的标准样品或标准点,在同样条件下与待测样品进行对比实验,这样做可以消去一些已知或未知的系统误差。比较测量法包括把待测样品与标准样品直接对比,这称作直接比较测量法。而在同样条件下,对两个物理量进行对比测量,不一定要求其中有一个是标准样品,这称为间接比较测量法。

1. 直接比较测量法

所谓直接比较测量,是指不必对与被测量有函数关系的其他量进行测量,便能直接得到被测量的测量方法。它有如下的特点。

(1)同量纲:标准量和被测量的量纲相同。如用米尺测量长度。

(2)直接可比:通过标准量和被测量直接比较就可以得到结果。如用天平称量物体的质量,只要天平平衡,砝码的示数就是被测量的值。

(3)同时性:标准量和待测量的比较是同时发生的,没有时间的延迟或滞后,亦即不需经

时间变换效应参与比较过程。

标准量的选择是进行比较测量的前提。由于被测量的不同,对标准量的要求就会不一样。同样的被测量,测量的精度不同,所选用的标准量也会出现差异。所谓标准量,就是量具的最小分度,它和有效数字的最小一位可靠数字对应,而有效数字的存疑位,正好是标准量的最高估计位。这点正是根据实验任务要求来选择量具(或仪器)的根据之一。

用直接比较测量法测定某些物理量的方法,可以说是一般实验和测量的基础。所以,它虽然非常简单,但必须仔细研究,认真掌握。

2. 间接比较测量法

在比较法测量中,仅仅做到同量纲,对基本量和常用导出量,还是比较容易实现的。但要求进行直接比较和同时比较,往往有一定的困难。例如,在高温下测量物体的长度,在真空条件下测量某些物理量,以及历史上有名的曹冲称象等,在"直接"和"同时"的要求上,都难以做到。通常用的电流表,它可以测量电流,而且表盘上标出的是电流值,似乎可以认为它是同量纲,但它的测量过程的本质仍然是用被测电流的安培力效应和标准电流的安培力效应借助指针和表盘刻度进行比较,显然这种比较既不是直接比较,也不是同时比较。对于上述问题,我们通常可以借助一个中间量,或者将被测量进行某种变换,来间接地实现比较测量,这种方法叫作间接比较测量法。

基于上述原因,间接比较的标准量,常常根据实际情况进行变换,这就出现了一个新的中间量并用它来做标准量。在 SI 中,电流强度是一个基本量,它的定义是用每米导线的受力情况来描述的。但力是两个物体相互作用的表征,它本身是不可见的,不能直接形成标准量,而只能用力的效果来表现。在电流表中就是借助安培力对线圈产生的力矩使指针偏转一定的角度,并用这个几何量作为一个间接的标准量,而被测电流也是以它的安培力矩产生的转角和标准相比较,在间接标准量和间接被测量之间,实现了同量纲直接比较。因而就其本质来说,是否说电流表测量的不是电流值而是角度值更恰当呢?因为磁电系电表都是建立在关系式 $\theta = S_L I$ 或 $I = k\theta$ 的基础上,所以可以得出这样的结论:预先选定电流的标准量,借助于上式,在 k 为常数的条件下,电流 I 的标准量变换为角度 θ 的标准量;当被测电流所产生的中间被测量 θ 出现时,两个角度直接可比,实现了直接比较测量;再借助上式就等效地比较出被测电流是标准量电流的倍数,从而得到测量结果。这种思想方法是重要的,因为它是许多近代实验方法的思想基础。

间接比较测量亦是最常用的测量技术之一。正确地使用它,关键是恰当地选择中间媒质及中间标准量,尽可能建立简单的函数关系,最好是线性关系,这对实现间接测量和提高测量精度是有益的。

最后要指出,比较测量法必须保证使相应的测量在相同的条件下进行。其测量结果的精确程度取决于作为标准的物理量的精确度、保持实验条件相同的程度及测量过程中测量人员判断的准确度。

二、转换测量法

各物理量之间存在着千丝万缕的联系,它们相互关联,相互依存,在一定的条件下亦可相互转化。因而,寻求物理量之间的关系,是探索物理学奥秘的主要方法之一,也是物理学中常见的课题。

　　寻求物理量之间的相互关系,可以分为定性描述和定量测量两类。定性描述以实验观察为主,旨在了解各相关物理量间相互依赖、相互转化的物理现象的过程或变化规律等。定量描述则是在此基础上,不仅要观察物理现象和变化规律,还需要精确测量各物理量之间的变化,经过数学和逻辑推理过程,用数学公式表达出来,使之具有普适性。在定量寻求中,又可以分为直接寻求和间接寻求两类。

　　1. 直接寻求

　　探求两个物理量之间关系时,可以直接改变其中某一物理量,测量另一物理量随前一物理量的变化值。

　　探求多个物理量之间的关系时:

　　(1) 可以先固定某个或某些物理量,而求出两个主要变化量之间的关系。

　　(2) 先固定某个或某些物理量,两两地求出相互关系,再综合分析。

　　(3) 先找出影响各物理量变化的主要物理量。改变这一物理量,同时测量多个变量,然后用某种方法进行处理,并找出各物理量之间的关系。

　　2. 间接寻求

　　在设计和安排实验时,有的物理量有时不能直接测量或求出,这就需要采用迂回的方法,先从容易突破的环节入手,再通过特殊的手段解决问题,这也是一种解决问题的途径和方法。

　　(1) 把不可测的量转换成可测的量(即变量转换法)

　　在设计和安排实验时,当预先估算不能达到要求时,就需另辟蹊径,把一些不可测量的物理量转换成可测量的物理量。例如质子衰变实验。长期以来,物理学家们都没有观察到质子的衰变,故认为它是一种稳定的粒子,其寿命是无限的。但根据弱电统一理论预言,质子的寿命是有限的,其平均寿命约为 10^{38} s,即大约 10^{31} 年。10^{31} 年这是一个多么漫长的时期,简直是一个无法测量的时间。因为地球的年龄才大约 10^9 年,谁也无法预料 10^{31} 年后,世界会变成什么样子。因此在很长一段时间,人们无法揭示质子寿命的奥秘。但是当人们把思考的着眼点变换一个角度,把时间的测量转换为空间几率的测量,整个事件就发生了戏剧性变化。假如我们观察 10^{33} 个质子(每吨水中约有 10^{29} 个质子),则一年之内可能有 100 个质子衰变。这样使原来根本无法观察和测量的事物,变成可以测量了。又如关于引力波的实验,根据爱因斯坦关于引力波的理论,任何作相对加速运动的物体都可以发射引力波。因而,双星体 ζ 可能是引力波源。而目前实验室中引力波天线的灵敏度和分辨率都无法满足既能够直接测量宇宙内的引力波讯号,同时又能够排除电磁辐射干扰的要求。于是,物理学家们就把着眼点放在双星座引力辐射阻尼上,即测量双星座轨道周期由于辐射引力波而导致的减小量来检验引力波的存在。

　　中国古代曹冲称象的故事也是一个变量代换的很好范例,把当时不可测量的大象重量变换成为可测量的石头重量。

　　(2) 把测不准的量转换成可测准的量(亦是一种变量转换法)。

　　有时某些物理量虽然可以测定,但要精确测量却不容易,或是由于所需要的条件太苛刻,或是由于所需测量仪器复杂、昂贵等。但是换个途径,事情就变得简单多了,而且能够较精确地测量。因为,在实际测量工作中,可以改变的条件很多,于是我们可以在一定范围内找出那些易于测准的量,绕开那些不易测准的量,实行变量代换。这方面最经典的例子便是利用阿基米德原理测量不规则物体的体积或密度。

由不易测准的不规则物体的体积转化为测量易测准的液体体积,只需一个有较精密刻度的量筒就行(有的同学在中学就可能做过该实验)。

物体体积等于物体全部浸入液体中排开液体的体积。

(3)用测量改变量代替测量物理量。

把测量物理量变换成测量物理量的改变量,是一种行之有效的实验方法。例如,用拉伸法测量杨氏弹性模量,就是把直接测量拉伸量 ΔL 变为分别测量 L_0 及 L($\Delta L = L - L_0$),并用光杠杆把变量放大。

又如,非平衡电桥实际上就是一种显示变化值的方法。可以证明,在平衡点附近,平衡指示器的变化量与某一个臂数值的变化是成正比的。19 世纪末,兰利在测量热辐射能量时,就利用四个臂为细铂丝的惠斯通电桥作非平衡测量,可以从灵敏电流计上测出 1×10^{-5}℃ 的温度变化。如果直接测量铂丝电阻随 T 的变化(因为铂的电阻温度系数为 3.9×10^{-3}),为要达到可检测 1×10^{-5}℃ 的温度变化,对电阻的测量精度要达到 $0 \sim 4 \times 10^{-8} \Omega$。这在当时是不可能的。即使是现在,所需条件和设备要求也是很高的。

(4)把单个测量点的计算方法,改变为多个测量点的作图法或回归法。把不易测的物理量放到截距上,而把要测的物理量放在斜率中去解决,亦是物理实验中常用的简便方法之一。什么条件下才能采用相互转换法,第一,能否找到一种与被测属性相同(物理量),而数值在与被测量对应的范围内可以连续变化的量或者实体。这里应强调说明的是只要求两者在被测量的被测属性方面完全一致,例如可以是电阻值、热量值、时间量及压力量等等,至于这个转换量本身的其他属性,如是固态还是液态,是金属还是非金属等,则无关紧要。第二,能否找到一个中间载体,把两者联系起来,以便于进行比较。如船可以把被称的大象和转换量石块联系起来。第三,能否找到一个达到相应精度要求的指示仪器,以判别其替代的等效性,如称象时船上的吃水线等。这个指示仪器所测量的可以是和被测量不同的物理量,这一点正是转换法的核心问题,也是第三个条件的实质所在。

3. 传感器转换法

把某些不敏感的物理量转换成敏感的易于测量的物理量,也是物理实验惯用的手法,而且随着各种新型功能材料的不断涌现,如热敏、光敏、磁敏、压敏、声敏、气敏、湿敏材料等以及这些材料性能的不断提高,形形色色的敏感器件和传感器也就应运而生,为科学实验和物理测量方法的改进提供了很好的条件。考虑到电学参量具有测量方便、快速的特点,电学仪表易于生产,而且常常具有通用性,所以许多能量转换法都是使待测物理量通过各种传感器或敏感器件转换成电学参量来进行测量的。

最常见的有:

(1)光电转换:利用光敏元件(如光敏二极管、光敏三极管、光电倍增管、光电管、光电池等),将光信号转换成电信号进行测量。

(2)磁电转换:利用磁敏元件(如霍尔元件、巨磁阻元件等)或电磁感应组件,将磁学参量转换成电压、电流或电阻的测量。

(3)热电转换:利用热敏元件(如半导体热敏元件、热电偶等),将温度的测量转换成电压或电阻的测量。

(4)压电转换:利用压敏元件或压敏材料(如压电换能器、压电陶瓷、石英晶体等)的压电效应,将压力转换成电信号进行测量。反过来,也可以用某一特定频率的电信号去激励压敏材料使之产生共振,来进行其他物理量的测量。

(5) 几何变化量与电学参量的转换:利用电学元件的参量(如电感、电容、电阻等)对几何变化量敏感的特性,来进行长度、厚度或微小位移等几何量的测量。

三、积累放大法

把实验中测量的微小物理量或把待测的物理量进行选择,积累或放大有用的部分,相对压低不需要的部分,以提高测量的分辨率和灵敏度,这是物理实验中最常用的方法之一。

1.直接放大

对于很小的物体,要想看清它的精细结构,可以借助放大镜或显微镜,只要把标准量和被测量放到对应位置,就可以进行比较。这时,被测量和标准量同时被放大,放大的倍数取决于放大镜或显微镜。不用这种光学的方法,借助于数学手段或机械方法来放大,就更加直观。对于一根直径很细的金属丝,用普通的米尺对其直径 d 进行测量是不可能的。但是如果在一根光滑的长直圆柱体上将其密绕 100 匝,测其密布的长度,可以得到三位有效数字 10.0 mm,那么测得的金属丝直径 d=10.0 mm/100=0.100 mm。这样做是把 d 放大 100 倍然后再进行测量。另外与此类似的方法有测量单摆周期的实验,一般都是测 n 个周期的总的时间,然后除以 n,就可以得到周期的值,其实质是把周期值放大 n 倍之后再进行测量。它和测量直径的概念一样,都基于单个被测量在整个放大系统中(如 100 匝之内或 n 个周期内)是稳定不变的。另外在天平的使用中,完全的平衡是很难做到的,而实际差异又非常小,用肉眼直接观察横梁的不平衡程度是非常困难的。常用的办法是在横梁中心(与刀口重合)垂直于横梁装一指针,若指针足够长,那么横梁的微小不平衡,在指针的尖端就会产生一个较大的弧长,再配以标尺,就可以精密地测量,这也是一种机械放大装置。

上述种种放大,都是对被测量本身,通过光学或机械的方法直接放大。这些方法简单易行,其测量值亦能得到足够的置信度,所以在一般测量中,得到较普遍的采用。

直接放大测量的误差分析,由于放大方法的不同,要结合具体问题来进行。对于采用光学放大手段来实现的,如果将被测量和标准量同时放大(如给比较测量的读数部分加放大镜,这时被测量和标准量同时放大),对光学放大装置的要求可以不必太严格。但如果只将被测量放大(如测量显微镜),而标准量仍用螺旋测微机构读数,则光路的微小差异,都会使被测量产生明显的畸变,影响测量结果的精度。利用密绕 n 匝的办法来测量金属丝直径的办法,它是使被测量 n 次出现并对其累积结果进行测量(采用多次摆动计时测量单摆周期的办法亦属此例)。由于只是被测量自身的多次重复出现而没有引入其他间接量,所以没有附加误差成分,又由于它是多次重复的累积效应,所以这个测量结果本身又包含了平均值意义,对减少测量误差是有利的。这种思路和方法,实际上已在测量技术中被广泛应用着,如测量电流或其他电学量的电表中,它的线圈都是由铜线多匝密绕制成的。

2.间接放大

许多被测量往往是难以直接放大的。一根金属棒在受到拉力或在温度改变时,它的长度会发生微小的变化,对这个量直接放大是困难的。为了实现对这种微小量的测量,可以借助一套中间装置来完成。例如,光杠杆镜尺法就是测量这种微小长度变化的常用手段之一。如图

3.3.1 所示,M_0 为平面反射镜,M' 为偏转 θ 角后反射镜的位置,b 为光杠长度,Δl 为微小伸长量,D 为平面镜中心到标尺的距离,l' 为标尺上偏转读数。平面镜与待测系统连接在一起,当它们转动了 θ 角时,来自某处的入射光线被镜面反射后,偏离了 2θ 角,于是物体转动角被放大了两倍。同时,还可将角度测量转换为长度测量,由三角函数关系,$\tan\theta = \Delta l/b$,所以角度 θ 的测量变成 Δl 和 b 的测量。若测量放大量 D 和 l',则在使用同样的量具时,其相对误差大为减小,这是由于 $\tan\theta = l'/2D$,因此在一定范围内 D 越大测量精度越高。再如,以体积的变化来描述对应液体的温度变化而制造的测温仪器叫作液体温度计。在液体温度计内,作为工质的液体的量是不变的,因此一定的温度增量 ΔT 引起的体积增量 ΔV 是一定的。由于 $\Delta V = S\Delta h$,在 ΔV 一定的条件下,容器的截面积和液面升高的增量 Δh 成反比,就是说减小截面积 S,可以增加液面高度的增量 Δh,这又是间接放大的一个实例。实际的温度计,也正是考虑到这一点,精度愈高,最小分度(标准量)愈小的温度计,它的毛细管的截面积也就愈小。

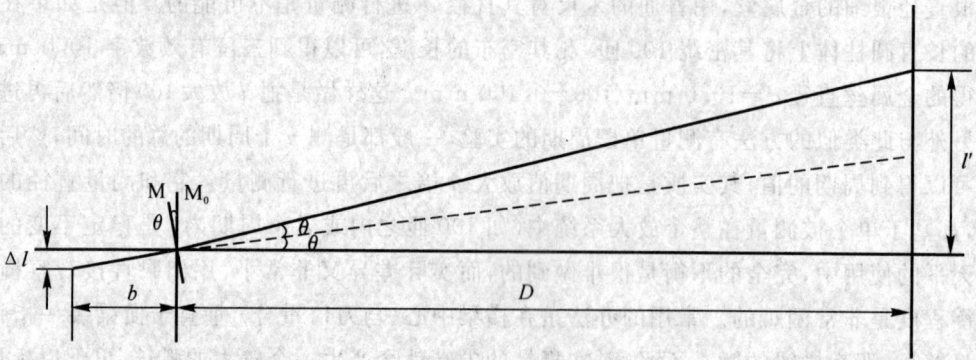

图 3.3.1　光杠杆放大原理图

从广义来说,根据安培力的原理制成的磁电系电表,只能是测量微弱电流或微小电压的一个电表,俗称表头,要测量大的电流或电压,通常采用的办法就是给这个表头并联一个分流器或者附加倍压电阻。根据直流电路的分流公式,设 I_g 为电表流过的电流,R_g 为表头内电阻 R_f 为与电表并联的分流电阻,I 为流过表头和分流电阻的总电流,由于 R_g 和 R_f 并联,所以有

$$I_g = \frac{R_f}{R_g + R_f} I$$

如果要测量电路的较大的工作电流,用 I_g 来表示 I,显然上式变为

$$I = \frac{R_g + R_f}{R_f} I_g = K I_g$$

式中 K 为大于 1 的常数,也就是说电流表的读数是由表头的读数被放大了 K 倍标出的。至于线圈采用多匝密绕而使 I_g 多次重复出现,已属直接放大,前面已经介绍过。因此这个电表,实际上已经经过多次放大了,而且这些放大都是简单的线性放大。

四、模拟法

模拟法是以相似性原理为基础,从模型实验开始发展起来的一种研究物质或事物物理属性或变化规律的实验方法。在探求物质的运动规律和自然奥秘,或在解决工程技术问题时,常常会遇到一些特殊的、难以对研究对象直接测量的情况。例如,被研究的对象非常庞大或非常微小(巨大的原子能反应堆、同步辐射加速器、航天飞机、宇宙飞船、物质的微观结构、原子和分子的运动等),非常危险(地震、火山爆发、发射原子弹或氢弹等),或者是研究对象变化非常缓慢(天体的演变、地球的进化等)。根据相似性原理,可人为地制造一个类似于被研究的对象或运动过程的模型。

模拟法可以按其性质和特点分为以下几种类型。

1. 几何模拟

顾名思义,几何模拟是将实物按比例放大或缩小,对其物理性能及功能进行试验。如流体力学实验室常采用水泥造出河流的落差、弯道、河床的形状以及一些不同形状的挡水状物,用来模拟河水流向、泥沙的沉积以及沙洲、水坝对河流运动的影响。或用"沙堆"研究泥石的变化规律。再如研究建筑材料及结构的承受能力时,可将原材料或建筑群体的设计按比例缩小几倍到几十倍,进行实验模拟。

2. 动力相似模拟

我们知道,物理系统常常是不具有标度不变性的。即一般说来,几何上的相似并不等于物理上的相似。因而在工程技术中作模拟实验时,如何使得缩小的模型与实物在物理特性上保持相似是个关键问题。为了获得模型与原型在物理性质或规律上的相似性或等同性,模型的外形往往不是原型的缩型,例如 1943 年美国波音飞机厂用于试验的模型飞机,其外表根本就不像一架飞机,然而风速对它翼部的压力却与风速对原型机翼的压力相似。又如,在航空技术研究中,人们不得不建造用压缩空气作高速循环的密封型风洞来作为模型试验的条件,使实验条件更符合实际自然的状态。

3. 替代或类比模拟

利用物质材料的相似性或可比性进行实验模拟,它可以用别的物质、材料或者别的物理过程,来模拟另一种物质、材料或另一种物理过程。例如用电流场模拟静电场;用超声波代替地震波;用岩石、塑料、有机玻璃等做成各种模型,来进行地震模拟实验。

更进一步的物理之间的代替,就导致与原型试验和工作方式都改变了的特殊模拟方法。应用最广的就是电路模拟。因为在实际工作中,要改变一些力学量不如改变电阻、电容、电感来得更容易。

例如在设计研究汽车底盘和弹簧选配中,要使之既有弹性,又省料,并且避免发生有害的共振,可利用力学振动系统的微分方程与电荷的运动微分方程的相似性进行代换。假设质量为 m 的物体,在弹性力 k_x,阻尼力 $\alpha \mathrm{d}x/\mathrm{d}t$ 和驱动力 $F_0 \sin\omega t$ 的作用下,沿 x 方向振动的微分方程为

$$m(\mathrm{d}^2 x/\mathrm{d}^2 t) + \alpha(\mathrm{d}x/\mathrm{d}t) + kx = F_0 \sin\omega t$$

而在 RLC 串联电路中加上交流电压 $U_0 \sin\omega t$ 时,电荷 Q 的运动微分方程为

$$L(\mathrm{d}^2 Q/\mathrm{d}^2 t) + R(\mathrm{d}Q/\mathrm{d}t) + Q/C = U_0 \sin\omega t$$

比较上边两式,我们可以找到力-电代换的对应关系,如表 3.3.1 所示。

表 3.3.1　力-电代换对应关系表

力学系统	电路系统
质量 m	电感 L
阻力系数 α	电阻 R
弹簧的倔强（弹性恢复）系数 k	电容 C 的倒数 $1/C$
策动力 F_0	外电压幅值 U_0
振动角频率 $\omega = \sqrt{k/m}$	振动角频率 $\omega = \sqrt{1/(LC)}$
品质因素 $\theta = \sqrt{k/m}/\alpha$	品质因素 $\theta = 1/R \cdot \sqrt{L/C}$

动力相似模拟,物理量之间的替代以及用电路模拟等方法,都是为求得在物理量、物理性质或物理规律之间相似的物理模拟。运用物理模拟要注意两个问题,一是要找到对应的物理量或物理规律;二是注意一定的物理条件。例如,在地震模拟试验中,模型的介质是均匀的,而地球的结构是不均匀的。当用两种或两种以上介质模拟时,它们之间某些物理量关系的比例（如密度、波速）是否可以与实际相比拟? 还有,模型的界面是规则的,而实际的反射界面是不规则甚至是不明显的,这些,都可能造成与实际结果的偏离。

4. 数学模拟

把一个特制的电阻,通常叫做电阻应变片,贴在一个标准试件上,将这个试件埋入待研究的实体内（如钢梁或水泥桥墩）,让它和这个实体同样受力变形,就会引起电阻片阻值的变化。引起阻值变化的因素可以是力、位移等非电阻量,它与诸量之间都有严格的数学关系,如

$$R = \rho \frac{l}{S} = Kl = f(l)$$

$$F = kl = \psi(l)$$

由于力可以产生形变 l（根据胡克定律）,而形变可以引起电阻的增量,这种不同的物理量（力、位移、电阻）依赖于数学形式的相似性而进行的模拟,叫作数学模拟。

数学模拟有以下特点:

(1) 可以对不同的物理量（即量纲不同）进行模拟。

(2) 允许有完全无关的中间量或中间环节。

(3) 有相似的数学函数表达式。

3.4　计算机虚拟方法

虚拟实验的概念是近几年从虚拟现实的概念中衍生出来的。虚拟现实对应的英文词为 Virtual Reality（简称 VR）,它是 VPL Resolution 的奠基人 Jaron Lanier 于 1989 年提出来的。

虚拟现实系统作为一种崭新的人机界面形式,它为用户提供了现场感和多感觉通道。VR 系统具有沉浸感（Immersion）、交互性（Interdiction）和自由想象性（Imagination）的特点,正是因为这些特点,VR 技术已初步应用于训练、娱乐、建筑、遥控等领域,并取得了令人瞩目的成功。

尽管 VR 系统具有显著的优点,但是由于计算机硬件的限制和一些技术上的原因,直至现在 VR 的开发仍处于研究阶段。从本质上讲,VR 系统是对现实环境的仿真。因此,仿真技术

无论对于虚拟现实和虚拟实验都是关键性的技术。为此,人们常称虚拟实验为仿真实验。"仿真"一词对应的英文通常为 Simulation,它的另一个译名为"模拟"。1961 年,G. W. 摩根赫特(G. W. Morgenthater)首次对"仿真"一词作了技术性的解释,他认为"仿真"是指在实际系统尚不存在的情况下,对于系统或其活动本质的复现。近几十年来,由于电子计算机的出现并以惊人的速度发展,仿真方法和技术也已得到迅猛的发展。仿真技术的发展使人的认识与概念得以深化。今天,比较流行于科学工程技术界的技术定义是:仿真是通过对系统模型的实验去研究一个存在的或设计中的系统。这里所指的系统是由相互制约的各个部分组成的具有一定功能的整体,它包括了静态与动态、数学与物理、连续与离散等模型。同时,这里还强调了仿真技术实验的性质,以区别于数值计算的求解方法。当今计算机仿真技术已广泛应用于国民经济各领域,成为近几十年来发展最快的一种现代科学工程方法。

随着计算机技术和网络通信的高速发展,人类社会进入了信息时代,教育是社会发展的一个主要支柱。国际上很多从事教育和计算机及网络研究和开发的专家,正在思考和研究这样一个课题,互联网和计算机的普及将提供给教育什么样的帮助,未来的网络教育媒体要具备什么样的特点,现在世界上许多先进国家已经开始注重投资、开发和利用这方面的资源。

物理学是高科技的基础,物理的概念和理论又是在实验的基础上形成的,现在教学中的很多物理实验是当时科技发展的突破性成果。有的实验对物理概念的深化、发现总结规律和对规律本质的解释,作出了历史性的巨大贡献;还有些实验成果的取得为科技发展开辟了新的研究课题,派生出很多研究方向;有的则产生了一个新的科学领域。因此,从科学的发展,人才科学素质形成的角度来思考物理实验教学,它在培养学生对科学的探索和创造能力以及理论与实际相结合的思维形成上起着不可替代的重要的基础作用。要提高物理实验教学的质量,关键是激发学生的学习热情。在物理实验教学中,往往由于实验仪器的复杂、精密和昂贵,无法对实验仪器的结构、设计思想、方法进行剖析;学生不能充分自行设计实验参数,反复调整、观察实验现象,分析实验结果;一些实验装置,师生不能同时观察实验现象,进行交流、分析和讨论。物理实验必须现代化和社会化,而对于一些科技含量较高、现代化程度较高的设备,学生往往面对的是"黑盒子",无法知道其内部的运转机理,抑制了学生的设计思想和创造能力的发挥。我们正处于计算机高速发展的时代,这是前所未有的,利用计算机来丰富实验教学的思想、方法和手段,改革传统的实验教学模式,使实验教学与高新科学技术协调的发展,提高实验教学的水平,就是计算机虚拟物理实验的设计思想和目标。

计算机虚拟物理实验的出现打破了教与学、理论与实验、课内与课外的界限。在研究物理实验的设计思想、实验方法,培养学生创新能力方面发挥着不可替代的重要作用。

计算机虚拟物理实验系统运用了人工智能、控制理论和教师专家系统对物理实验和物理仪器建立内在模型,用计算机可操作的仿真方式实现了物理实验的各个环节。

系统的结构设计如图 3.4.1 所示,在主模块下由系统简介、实验目的、实验原理、实验内容、数据处理、实验思考题等六个模块组成,每个模块在主模块后调用。

虚拟实验系统通过解剖教学过程,使用键盘和鼠标控制仿真仪器画面动作来模拟真实实验仪器,完成各模块中相应的内容。在软件设计上把完成各模块中的内容求解问题看作是问题空间到目标空间的一系列变化,从此变化中找到一条达到目标的求解途径,用户接口从而完成仿真实验过程。在此过程中,利用预处理丰富教学经验编制而成的教师指导系统可对学生进行启发引导,系统可按照知识处理的过程对模块进行设计,其设计过程如图 3.4.2 所示。

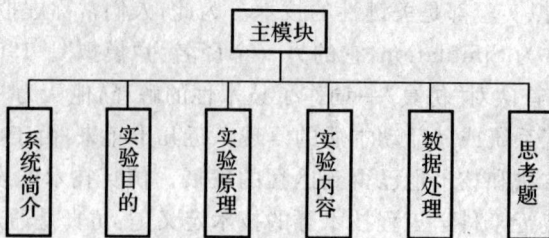

图 3.4.1　虚拟实验模块的设计

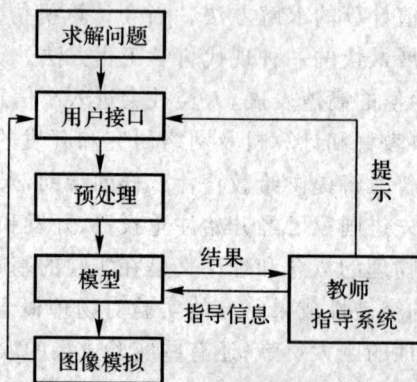

图 3.4.2　虚拟实验的设计原理

　　系统给出需要求解的问题,即所需要进行的操作。系统通过用户接口给出相应的图像、文字和教师指导内容,用户根据得到的信息进行判断、输入。输入的信息由预处理部分转化为内部指令,模型接收指令后,在教师指导系统的参与下利用产生式的规则处理,得到相应的结果,并将结果传输到图像模拟部分,最终以图像和文字的形式显示在计算机屏幕上。同时,教师指导系统根据得到的相应结果,在计算机屏幕上显示出指导信息,用户通过软件中教师指导系统和模型算法的交替作用过程完成仿真实验内容,本章仅介绍了几种常用的物理实验测量的基本方法,而物理实验方法是非常丰富多彩的,随着科技的进步,物理实验的思想方法也是在不断发展的,希望上述简介能起到一点入门的作用,同时我们还应清楚地认识到在实际的学习和科学实验中,遇到的问题往往是复杂和多变的,不是哪一种方法都能奏效的。因而需要实验者较深刻的理解各种实验方法的特点及局限性,并在实践中自觉体会和运用,通过长期实验工作的经验积累,使自己的实验能力不断得到提高。

第4章　物理实验常用仪器

4.1　仪器调整的基本原则

仪器调整方法各异、项目繁多、测量中的注意事项和测量步骤也不相同,但一些基本原则是共通的。

一、调整顺序——"减少牵连、分别调整"

如果仪器需要调整的部分或旋钮较多,调节时应有一定的顺序,其中一个原则是尽量减少相互牵连并达到分别调整的目的。

水平铅直调整:用水准仪调三足座水平时,应先将水准仪平行于二足(A,B)连线. 此时,只有 A,B 二调节螺丝(足)起作用。

调 A(或 B),使水准仪水平,再调 C 使水准仪水平,则 ABC 平面达到水平,图 4.1.1 为水准仪三足座水平调节示意图。

共轴调节:用光学仪器观测待测物体,需保证近轴成像,要求仪器装置中的光学元件的光主轴重合,因此要在测光前进行共轴调整。首先用目测进行粗调,把光学元件和光源的中心都调到同一高度,同时要求调节各光学元件相互平行且均垂直于水平面。这样各光学元件的光轴已接近重合。然后依据光学成像的基本规律来细调,调整可根据自准直法、二次成像法(共轭法)等,利用光学系统本身或借助其他光学仪器来进行。

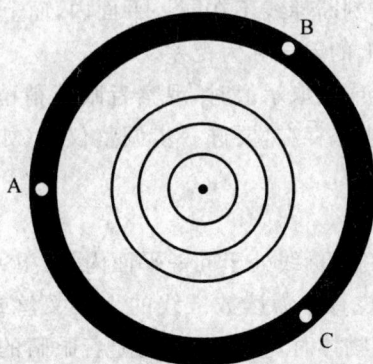

图 4.1.1　水准仪三足座

分光计调节中,望远镜和平行光管调焦相互影响,可用自准法调节望远镜成像,再借助望远镜调平行光管光路。

二、调节方法——"先粗后细、先内后外、逐次逼近"

在仪器调整过程中,有时不是一次就能精确达到调整要求,必须先做粗调,再按一定要求做精细调整。有时还要反复调节,逐次逼近。特别是运用零示法的实验或零示仪器,如天平测质量、电位差计实验、电桥测电阻等实验中,采用"反向区逐次逼近"调节,效果显著。方法是:首先估计待测量的值,然后选择仪器的一个相应量程进行测量,根据偏离情况渐次缩小范围,达到所需结果。

例如,调节分光计时,应"先粗后细、先内后外、同轴等高、各半调节"即先从外部目测粗调,然后再按一定顺序从内部细调。

又如,调节平衡时,应先做大的范围粗调,再依次缩小范围细调。如用天平测质量,先加大砝码,试测轻重,再依次添小砝码,直至平衡。电桥测电阻应先确定倍率,再调"标准"电阻,调节过程也是先调数量级大的电阻旋钮,再依次调节数量级小的旋钮,逐步逼近。

三、测量原则——"先定性、后观察、再测量"

实验电路连好、光路调好后,不要急于测量,而是采用"先定性、后观察、再测量"的原则进行实验。具体做法是:在进行定量测量前,先定性地观察实验变化的全过程,了解物理量的变化规律。应先做一次操作练习、观察和粗测,了解测量全过程并检查仪器运行是否正常,实验数据变化规律是否符合要求,发现问题及时解决,应做到心中有数,如仪器怎样使用才算正确;物理量间的关系是直线还是曲线;什么地方变化快,什么地方变化慢。测量时可以在变化快的地方多测几个点,变化慢的地方少测几个点。这样做可将实验中的问题在正式测量前解决,避免实验进行到中途甚至到最后结束时才发现问题,返工重做。

四、测量注意——"减少视差、调整零点"

1. 减小视差

当被测物(或物像、刻度)与判断标线不在同一平面内,而上、下、左、右移动时,被测物与判断标线的相对位移造成的读数上的差异称为视差。

视差判断方法:在调整仪器或读取示值时,观察者眼睛稍稍移动,观察标线与标尺刻度线间是否有相对移动,若有,说明视差存在,要进一步调整仪器(如望远镜、显示镜等);或找到正确的读数方位(如指针式仪表)。

消除视差方法:

1)使被测物(物像刻度)与判断标线处于同一平面内,如望远镜、测微目镜、读数显微镜等。这些仪器在其目镜焦平面内侧装有作为读数准线的十字叉丝或是刻有读数准线的玻璃划分板,当我们用这些仪器观测待测物体时,有时会发现随着眼睛的移动,物体的像和叉丝有相对位移,这说明二者之间有视差存在,必须进一步调整目镜(包括叉丝)与物镜的距离,边调边稍稍移动眼睛观察,直到叉丝与物体所成的像之间基本无相对位移,则说明被测物体经物镜成像到叉丝所成的平面上,视差消除。

2)每次观察读数使眼睛都处于同一方位,如电表读数盘上装有一面小镜子,测量时要看电表指针与镜中指针像"针像重合"后再读数,以保证每次读数视线都垂直于表盘。又如拉脱法测表面张力中的观测标准为"三线对齐",即保证每次测量时视线水平。

2.调整"零点"

在实验中测量的起点不一定都是零点,而且仪器的零点也常有误差,因而测量时先检查仪器的零点(或起点)读数,然后才能用其进行测试使用,如果实验前未检查、校准,就将人为地引入系统误差。

零位校准有两种情况:①如仪器零点可调,应先调节零点,如天平、电表卡尺、千分尺的零点等;②如零点(或起点)不可调或不易调,可记下零点或起点读数,以备测量后将测量结果进行零点修正。

五、电学实验操作注意

1.安全用电,注意人身安全和仪器的安全

电学实验许多仪表都很精密,实验中既要完成测试任务。又要注意人身安全和仪器的安全。不要随意移动电源,接、拆线路时应先关闭电源,测试中不要触摸仪器的高压带电部位。

2.合理布局、正确接线,谨记整理复原仪器

实验前,首先对线路进行分析,按实验电路要求布置仪器的位置,经常操作和读数的仪表、开关放在面前便用的位置。

根据电路图按回路,逐个接线,每个回路一般都由高电势到低电势的顺序接线;合理分配每个接线端上的导线,注意利用等势点,以使每个接线端的线尽量少;注意电表"+""一"极;电子仪器"地"端要接到一个端子上,以防杂乱信号影响。

检查接线,确认电路无误后,将各种器件都置于正常使用状态。如电源及分压器的电压置于最小位置,限流器电阻置于最大位置处,电表选择适当档位,电阻箱的电阻不能为零等。接通电路的顺序为:先接通电源,再接通测试仪器(示波器等);断电时顺序相反。其目的是以防电源通或断时因含有感性元件产生瞬间高压损坏仪器。

实验完成后,先切断电源,再拆除线路,整理复原仪器,置于保护状态(如电源输出置于零位,如灵敏检流计开关至短路档)。

六、光学实验操作注意

光学仪器是精密仪器,有些仪器结构复杂,操作时动作要轻缓,用力均匀平稳。

大部分光学元件是特种玻璃经过精密加工制成(如三棱镜),表面光洁,平时应注意防尘。有些表面有均匀镀膜(如平面反射镜),要防止磕、碰、打碎、擦、划、污损表面。若发现表面不洁,需用镜头纸,或用无水乙醇、乙醚来处理,切忌哈气、手擦等违规操作。

暗房各种工作器具、药品要按固定位置摆放,不能随意放置,以防用错,造成失误。

了解各种光源性能,正确使用。高亮度的光源不能直视,特别是激光,不要用眼睛正视,以防灼伤眼睛。

4.2 物理实验常用仪器

一、长度测量的基本仪器

常用的长度测量仪器有米尺、游标卡尺、千分尺和测量显微镜等。长度测量仪器的规格一

般用其量程和分度值表示。量程(或量限)是指仪器的测量范围,分度值是指该仪器一个最小格所代表的物理量的值(或相邻两刻线所代表的量值之差)。一般分度值越小,仪器精度越高。

1. 米尺

米尺有钢直尺和钢卷尺两种,实验室常用钢直尺量程为 500 mm 以内,钢卷尺量程为 1 m 和 2 m,最小分度值为 1 mm。

量程在 300 mm 以下的钢直尺,仪器允许误差为 0.10 mm,量程 1 m 的钢卷尺允许误差为 0.6 mm,2 m 的为 1.2 mm。

2. 游标卡尺

使用米尺测量长度时,虽然可以读到十分之一毫米位,但这一位是估读的。为了提高测量的精度,在主尺(毫米分度尺)上装一个可沿主尺滑动的副尺(称为游标),构成游标卡尺,使用游标卡尺测量长度时,不用估读,就可以准确地读出最小分度的 1/10,1/20 和 1/50 等。

(1)游标卡尺的结构。

如图 4.2.1 所示,一对外量卡钳用来测量物体的长度、外径,一对内量卡钳用来测量内径、槽宽等,深度尺 C 可测量孔或槽的深度。游标卡尺是最常用的精密量具,使用时应注意爱护,推游标时不要用力过大。使用游标卡尺时应左手拿待测物体,右手握尺,用拇指按着游标上凸起部位 G,或推或拉,把物体轻轻卡在量爪间即可读数,如图 4.2.2 所示。不要把被夹紧的物体在钳口间扭动,以免磨损钳口。

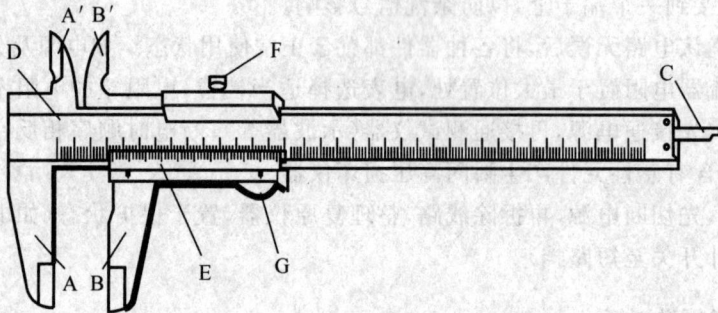

图 4.2.1 游标卡尺

A、B—外量卡钳; A′、B′—内量卡钳; C—深度尺; D—主尺; E—游标; F—紧固螺钉; G—推拉凸点

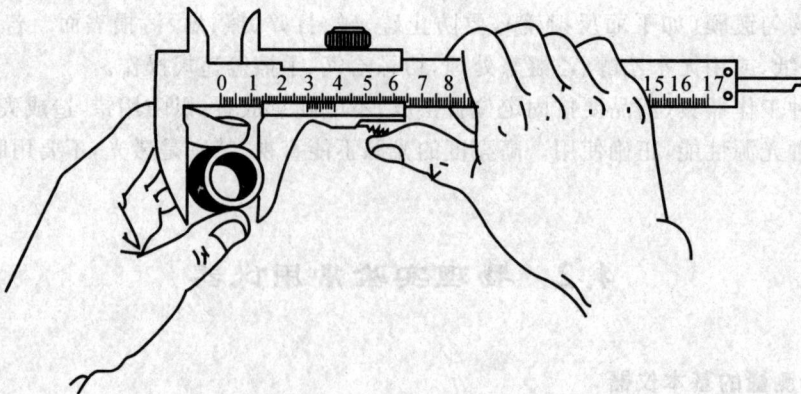

图 4.2.2 游标卡尺的使用方法

(2)游标原理和读数方法。

游标卡尺的游标有 10 分度、20 分度和 50 分度等几种类型，它们的原理和读数方法都是一样的。如果用 a 表示主尺分度值，n 表示游标的分度数，b 表示游标分度值，则 n 个游标分度与主尺上 $(Mn-1)$ 个分度的长度相等，其中 M（称为游标系数）等于 1 或 2，因此每一个游标分度值 b 为

$$b = \frac{(Mn-1)a}{n} \tag{1}$$

这样主尺上 M 个分度值 Ma 与游标上一个分度值 b 之差为

$$h = Ma - b = Ma - \frac{(Mn-1)a}{n} = \frac{a}{n} \tag{2}$$

式中：h 就是游标卡尺的分度值，它等于主尺分度值的 $1/n$。表 4.2.1、表 4.2.2 中所示是几种常见游标卡尺的规格及示值误差。

表 4.2.1　几种常见游标卡尺的类型

游标尺分度数值 h/mm	主尺分度值 a/mm	游标分度值 b/mm	游标分度数 n	游标系数 M	游标总长度 nb/mm
0.1	1	0.9	10	1	9
	1	1.9	10	2	19
0.05	1	0.95	20	1	19
	1	1.95	20	2	39
	0.5	0.45	10	1	4.5
0.02	1	0.98	50	1	49
	0.5	0.48	25	1	12

表 4.2.2　游标卡尺的示值误差

测量范围/mm	分度值/mm		
	0.02	0.05	0.1
	示值误差/mm		
0～300	±0.02	±0.05	±0.1
300～500	±0.04	±0.05	±0.1
500～700	±0.05	±0.075	±0.1
700～900	±0.06	±0.10	±0.15
900～1 000	±0.07	±0.125	±0.15

游标卡尺的分度值一般都刻在副尺上，使用 10 分度、20 分度和 50 分度的游标卡尺，可分别读到 0.1 mm、0.05 mm 和 0.02 mm，不允许估读。当测量物体的长度时，应先读主尺，再读游标（找到游标上哪一根刻线与主尺上的刻线对齐，比如第 k 根游标刻线与主尺某根刻线对

齐,那么 $\Delta L = kh$),二者相加为物体的长度

$$L = L_0 + \Delta L = L_0 + kh \tag{3}$$

本实验中使用 50 分度的游标卡尺,分度值为 0.02 mm。图 4.2.3 是一个读数实例,图中游标零线前主尺的毫米整数是 22 mm,游标第 31 刻线与主尺刻线正好对齐,所以被测物体的长度为 $L = 22 + 31 \times 0.02 = 22.62$ mm。

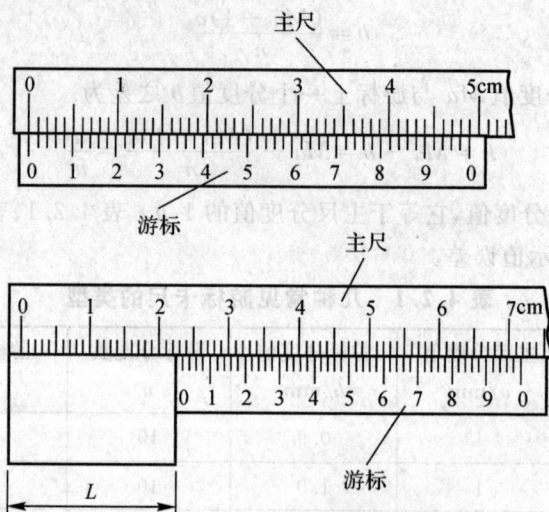

图 4.2.3 游标卡尺的读数实例

3.螺旋测微计(外径千分尺)

螺旋测微计(外径千分尺)是一种比游标卡尺更精密的长度测量仪器,可以用来测量 25 mm 以下的精密零件的尺寸。实验室中常用来测小球的直径、金属丝的直径和薄板的厚度等。

(1)螺旋测微计构造。

常见的螺旋测微计如图 4.2.4 所示,其量程为 25 mm,分度值为 0.01 mm。千分尺的测微螺杆的螺距是 0.5 mm,螺杆后端与微分套筒、棘轮(测力装置)相连接。当微分套筒旋转(测微螺杆也随之旋转)一周,测微螺杆沿轴线方向运动一个螺距(0.5 mm)。微分套筒前沿上一周刻有 50 个等分格线,因此微分套筒每转过一格,螺杆沿轴线方向运动 0.01 mm(0.5/50 mm)。

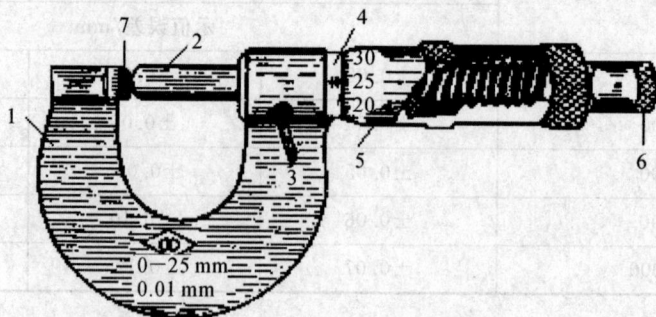

图 4.2.4 千分尺外形与构造

1—尺架; 2—测微螺杆; 3—制动栓; 4—固定套筒; 5—微分套筒; 6—棘轮转柄; 7—测砧

(2)读数方法。

千分尺的固定套筒上沿轴线方向刻有一条细线,在其下方刻有 25 分格,每分格 1 mm,在其上方,与下方"0"线错开 0.5 mm 处开始,每隔 1 mm 刻有一条线,这就使得主尺的分度值为 0.5 mm。在测量时把待测物体放在螺杆和测砧的测量面之间,旋转棘轮使测量面与待测物体接触,当听到棘轮响声便可读数。先将主尺上没有被微分套筒前端遮住的刻度读出,再读出固定套筒横线所对准的微分套筒上的读数,还要估读一位,即读到 0.001 mm。把主尺上读出的整数部分($n \times 0.5$ mm)和从微分套筒上读出的小于 0.5 mm 的数相加,即是测量值。

图 4.2.5 是千分尺的读数实例。图 4.2.5(a)中的读数是 5.383 mm,图 4.2.5(b)中的读数是 5.883 mm。二者的差别就在于微分套筒前端的位置,前者没有露出 5.5 mm 刻线,而后者露出了 5.5 mm 刻线。

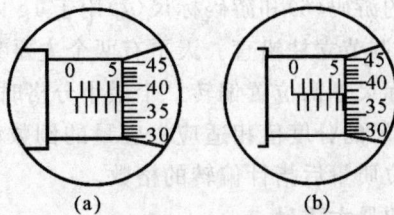

图 4.2.5　千分尺的读数

千分尺按国家标准规定,分零级和一级两类。实验中使用的是一级千分尺,其示值误差如表 4.2.3 所示。

表 4.2.3　一级千分尺的示值误差　　　　　　　　　　　　　单位:mm

测量范围	0～100	100～150	150～200	200～300	300～400	400～500
示值误差	±0.004	±0.005	±0.006	±0.007	±0.008	±0.010

注:零级千分尺示值误差为上表所列数值的一半。

(3)注意事项。

1)测量前应检查千分尺零点。旋转棘轮转柄,使测量面接触,当听到棘轮响声时停止旋转,此时微分套筒前沿应与主尺"0"线重合,同时固定套筒的横线应正好与微分套筒"0"线对齐,如图 4.2.6(a)所示。否则应记下零点读数,并对测量时的读数进行修正。应注意零点读数有正有负,如图 4.2.6(b)所示的零点读数为正值(+0.010 mm),如图 4.2.6(c)所示的零点读数为负值(-0.006 mm)所以,待测物体的实际长度就等于测量时的读数减去这个零点读数。

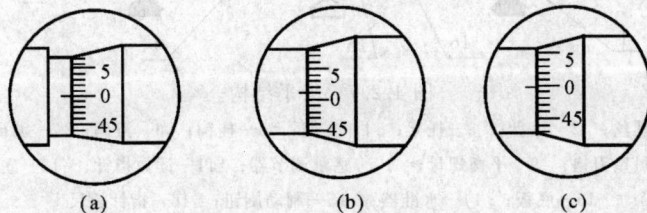

图 4.2.6　千分尺的零点校正

2)为了保持测量面和被测物体间的接触压力微小和均匀,在校正零点和测量时,应轻轻旋转棘轮,千万不要直接拧微分套筒。

3)测量完毕后,应使螺杆和测砧间留有一定空隙,以免因热膨胀而损坏螺纹。

二、质量测量仪器——天平

物理天平的结构如图 4.2.7 所示。天平横梁上装有三个刀口,中间刀口置于立柱(12)顶端的玛瑙刀垫上,用它作为横梁的支点。两侧刀口各挂一个称盘(2)。横梁下面固定一根读数指针(11)。横梁摆动时,指针尖端就在立柱下方的标尺前摆动,根据指针在标尺上的读数可判别天平是否平衡。制动旋钮(15)可使横梁升降,横梁下降后制动架就会把它托住,使中间刀口与刀垫分离,两侧刀口减去称盘负荷,以保证刀口不受损伤。横梁两端两个平衡螺母(9)是天平空载时调平衡用的;横梁上的游码(6)和游码标尺(7)用于 1g 以下的称衡。装在底板上的水平螺丝(1)和水准器(14),用于调节立柱铅直。天平有两个主要参量:

1)感量:就是天平指针从标尺平衡位置偏转一个最小分格时,天平两称盘上的质量差。感量的大小一般应与天平游码标尺的分度值相适应。感量的倒数称为天平的灵敏度,它表示天平平衡时,在一个称盘上加单位质量后指针偏转的格数。

2)称量:是天平允许称衡的最大质量。

天平的称量为 500 g,感量为 50 mg,游码标尺的分度值为 0.05 g。读数时,一般估读到 0.01 g(即分度值的 1/5)。

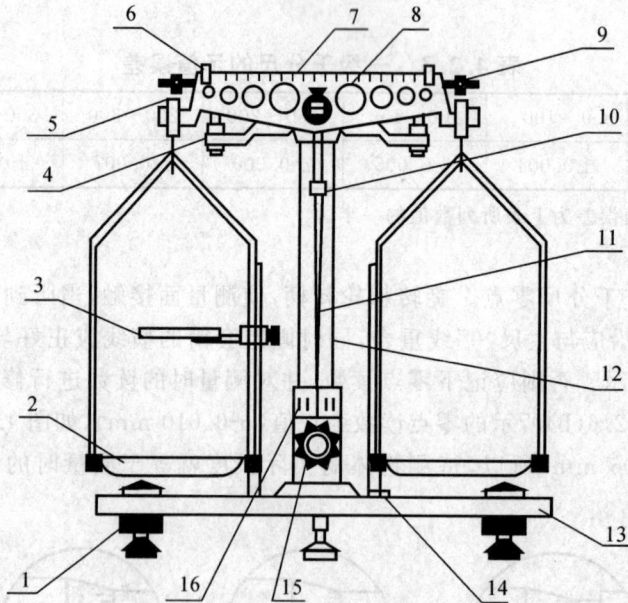

图 4.2.7 天平结构

1—水平螺丝; 2—称盘; 3—托架; 4—支架; 5—挂钩; 6—游码; 7—游码标尺;
8—刀口、刀垫; 9—平衡螺母; 10—感量调节器; 11—读数指针; 12—立柱;
13—底板; 14—水准器; 15—制动旋钮; 16—指针标尺

实验步骤:天平是用等臂杠杆原理做成的测量质量的仪器。用天平测物体质量前,应先做好天平的水平调节和零点调节。下面将按天平的操作步骤,具体说明天平的操作规则和注意事项：

1）水平调节：调节底板上的水平螺丝，将水准器中气泡调到正中央，以保证立柱铅直。调节的目的是使立柱顶端的刀垫处于水平位置，使刀口处于良好的工作状态。

2）零点调节：将游码拨到游码标尺的零线上，调节平衡螺母，使天平空载时支起横梁，指针指在标尺的中央刻线上。

3）称衡：称衡的质量不得超过天平的称量。被称物体一般放在左盘（液体、高温物体和腐蚀性的化学药品不能直接放在称盘上），砝码放在右盘。砝码要用镊子夹取，不准赤手拿取，用后直接放回砝码盒中，以免玷污、影响砝码的准确度。在取放物体、增减砝码以及天平不使用时，都应降下横梁止动，只是在判断天平是否平衡时才启动天平。启动、止动天平、动作要轻缓平稳，止动天平最好在指针接近标尺中央刻线时进行。当天平平衡时，待测物体的质量就等于砝码的质量。

三、热学测量仪器

在热学实验中，热量与温度的测量是基本的也是最重要的项目，下面介绍几种常用的温度测量仪器。

1.加热器、保温器

（1）磁力搅拌加热器：磁力搅拌器是由微电机带动高温强力磁铁产生旋转磁场来驱动容器内的搅拌子转动，以达到对溶液进行加热，从而使溶液在设定的温度中得到充分的混合反应。

特点：外壳由特殊阻燃增强型塑料注塑成型，磁力搅拌器有非常高的抗热、抗酸碱及有机溶剂的特性。磁力搅拌器搅拌速度和加热温度均可连续调节（AM—3250A 型温度调节步距为 $1℃$），广泛适用于不同黏稠度溶剂的搅拌。加热盘由铝合金制成，外部喷涂特氟龙材料，使其既有良好的导热效果，又具有较强的抗冷热、耐腐蚀性能。加热盘底部采用双重融热装置，可充分提高效率，并避免热量传导至机壳。整体成机壳和其上部的凸面设计可有效防止在搅拌过程中不慎溢出的溶液流入磁力搅拌器内损坏电子器件。

（2）保温瓶：保温瓶是在基于传热原理的基础上制造出来的，瓶内镀一层银或者氧化镁（MgO），形成光滑镜面，减小因辐射散发的热；中间为双层玻璃瓶胆，两层之间抽成真空；瓶塞用软木塞，瓶口充分打磨。

（3）杜瓦瓶：杜瓦瓶是储藏液态气体，低温研究和晶体元件保护的一种较理想容器和工具。现代的杜瓦瓶是苏格兰物理学家和化学家詹姆斯·杜瓦爵士发明的。1892 年，杜瓦吩咐伯格将玻璃吹制一个特殊的玻璃瓶。这是一个双层玻璃容器，两层玻璃胆壁都涂满银，然后把两层壁间的空气抽掉，形成真空。起初，这种杜瓦瓶仅在实验室、医院和探险队中使用，以后在野餐或乘火车时也使用起来。

2.其他热学测量仪器

（1）量热器：热学实验要求的基本实验条件为保持实验系统是一个与外界没有热量交换的孤立系统，这要从仪器装置、测量方法以及实验操作等方面去保证，为了使实验系统成为一个孤立系统，常采用量热器。

为了保证量热器的良好绝热性能，使用时应该注意以下几点：①在密闭条件下使用；②量热器内外的温差不要太大；③尽量不用手接触量热器；④减少量热器和周围的空气流动。

（2）温度计：温度是物体冷热程度的表示，是基本物理量之一，许多物质的特征数都与温度有着密切的关系,所以在一些科学研究和工农业生产中,温度的控制和测量显得特别重要,常用的温度计有水银温度计和电子数字温度计。

1)水银温度计:水银温度计是以水银为测温物质的玻璃棒式液体温度计,主要是用水银的热胀冷缩性质来测量温度的,使用时有以下注意事项:测温读数时,应使视线与水银柱液面处于同一水平面;应使感温泡离开被测对象的容器壁一定的距离;由于水银柱在毛细管中升降有滞留现象,水银柱随温度的升降有跳跃式的间歇变动,这种现象在下降过程尤为明显,所以使用水银温度计时最好采用升温的方式;由于热传导速度等原因,在被测介质的温度发生变化时,水银温度计滞后一定时间才能正确显示介质的实际温度。

2)电子数字温度计:电子数字温度计可以准确地判断和测量温度并以数字显示,而非指针或水银显示,故称数字温度计或数字温度表。数字温度计一般采用芯片组装,精度高,稳定性高,误差≤0.5%,内置电源,功耗微弱,不锈钢外壳,防护坚固,外观精致。

(3)压力计:按工作原理不同可分为液柱式、弹性式和传感器式3种形式。

1)液柱式压力计:如U型管压力计、排管压力计等,是根据流体静力学原理将压力信号转变为液柱高度信号,常使用水、酒精或水银作为测压媒质。

2)弹性式压力计:如包登管压力计,将压力信号转变为弹性元件的机械变形量,以指针偏转的方式输出信号。工业系统中多使用此类压力计。

3)传感器式压力计:压力传感器的原理是将压力信号转变为某种电信号,如应变式,通过弹性元件变形而导致电阻变化;压电式,利用压电效应等。

四、电学测量仪器

电磁学实验一般由电源、调节控制、指示读数和观察研究对象四大部分组成。常用的电源有稳压电源、蓄电池、干电池等是电路中的能量供给者,维持电路中的电流或电压。调节控制器(如各种开关、变阻器、电阻箱和电位器等)主要是根据实验需要,用来接通或断开电路,或改变电路电流的大小,或调节各部分电压的高低,或改变电路中电流的方向等。指示读数部分主要是各种检流计、电流表、电压表、欧姆表、磁通表等各种电器仪表和其他指示装置,用来指示或测出电路中的状态或参量,观察研究对象是各种用电装置、负载等。常用的电学测量仪器简要介绍如下。

1.电源

电源是把其他形式的能量转变为电能的装置,分为直流电源和交流电源两类,物理实验中常用的是直流电源。

(1)直流电源。

目前实验室一般采用晶体管稳压电源。它是将交流电转变成直流电的装置,稳定性高,内阻小,输出连续可调,使用方便。如:输出电压为0~15 V,输出电流为0~5 A;输出电压为0~30 V,输出电流为0~3 A等,这些都是低压晶体管稳压电源,还有输出电压达500 V~3 000 V高压直流稳压电源。

(2)交流电源。

常用的电网电源是交流电源。交流电的电压可通过变压器来调节。交流仪表的读数一般都是有效值。例如交流220 V就是有效值,其峰值为311 V。

(3)干电池。

(4)标准电池。

标准电池器件不能当电源来用。

2.常用电学测量仪表

(1)检流计。

检流计主要是用来测量小电流和检查电路中有无电流通过,又称指零仪。它分为指针式和光点反射式两类。它们的特点都是零点在刻度中央,因此,它可以向左右两边偏转,便于检查出不同方向的直流电。

使用时,通常串联一个可变的保护电阻,以免开始时因电流过大损坏检流计,待偏转减小后再逐步减小保护电阻,以致最后将它短路,以提高检测灵敏度。

(2)电流表。

电流表有微安级电流表、毫安级电流表等,是由表头并联一个小分流电阻而成,因而内阻较小。它们主要是用来测量电路中电流的大小。使用时,把它串联于待测电路中,并注意"＋""－"标记,使电流从电流表的"＋"端流入,从"－"端流出。

(3)电压表。

电压表有毫伏级电压表等,是由表头串联一个大分压电阻而构成的,因而内阻较大。电压表用来测量电路中两点间电压。使用时并联于待测电压的两端,并使"＋"极接于高电势的一端,"－"极接于电势低的一端。同一电压表,量程不同时内阻亦不同,但各量程的每伏欧姆数却是一样的,一般都在 $1\ 000\ \Omega/V$ 以上。所以,电压表的内阻一般用 Ω/V 表示,由此即可计算出其中某一量程的内阻,即内阻＝量程/每伏欧姆数。

注意:

1)根据待测量内容选用不同种类的电表。

2)要注意量程。使用时要根据待测电流或电压的大小选择合适的量程。量程小于通过的电流或电压值时会把电表烧坏;量程过大,指针偏转角度过小,降低了测量的精确度。所以,量程选择要合适,一般是略大于待测量即可。在使用前,先估计待测量的大小。如果无法估计时,则应选用最大的量程来试测,得知数值后,再改用合适的量程。

3)注意连接法。电流表是测量电流的,必须串联于被测电路中;电压表是测量电压的,必须并联于待测电压的两段,切勿接错。尤其是电流表,由于内阻很小,一旦并联于电路中,就会立刻烧毁。

4)要正确读数。首先,电表在使用前要通过"调零器"调节指针指零。其次在测量读数时,眼睛一定要从指针正上方垂直向下看指针所正对的刻度来读数,而视线偏向任何一方时,都会产生视差,1 级以下的精密电表,在指针下面的刻度旁都附有一面镜子。当眼睛垂直往下看时,指针和它在镜中的像重合时所对准的刻度才是它的准确读数。读数时应根据电表的准确度等级和最小分度距离的大小估计到最小分度的 $1/2,1/5,1/10$。

3.示波器

示波器不仅可以用来测量交、直流电压,还可以把各种交流电压波形显示出来。工作频率带宽是示波器的一项重要指标。简单的学生用示波器的带宽只有 5 MHz,而广播、电信及一些科学研究领需要使用带宽为 500 MHz 甚至更高的示波器。按可以接收的信号路数,示波器可以单通道、双通道、三通道、四通道等。按显示屏上可以同时显示的波形条数,示波器又可以分为单踪、双踪、八踪等。

示波器动态显示随时间变化的电压信号是将电压加在电极板上,极板间形成相应的变化电场,使进入这变化电场的电子运动情况相应地随时间变化,最后把电子运动的轨迹用荧光屏显示出来。示波器主要由示波管(见图 4.2.8)和复杂的电子线路构成,示波器的基本结构见图 4.2.9。

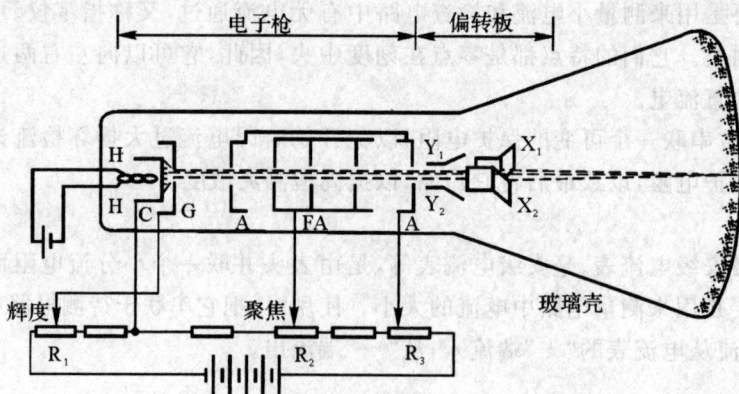

图 4.2.8 示波管示意图

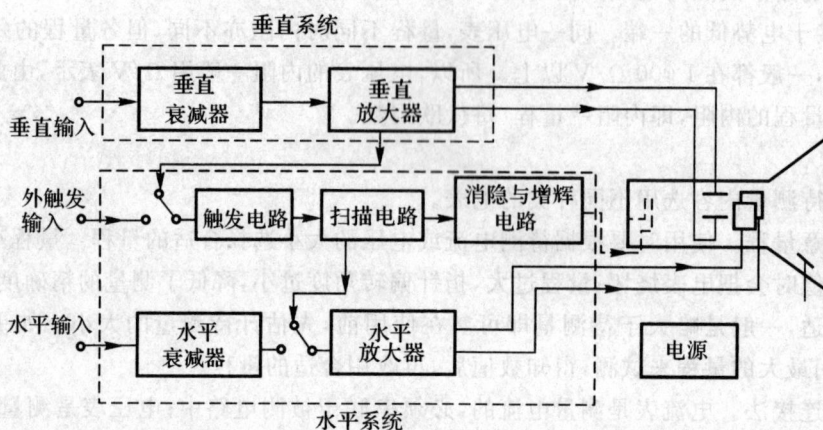

图 4.2.9 示波器的基本结构简图

(1)偏转电场控制电子束在视屏上的轨迹。

偏转电压 U 与偏转位移 Y(或 X)成正比关系。如图 4.2.10 所示:$Y \propto U_y$。

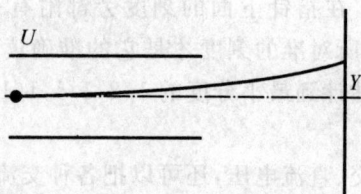

图 4.2.10 偏转电压 U 与偏转位移 Y

如果只在竖直偏转板(Y 轴)上加一正弦电压,则电子只在竖直方向随电压变化而往复运动,见图 4.2.11。要能够显示波形,必须在水平偏转板(X 轴)上加一扫描电压,见图 4.2.12。

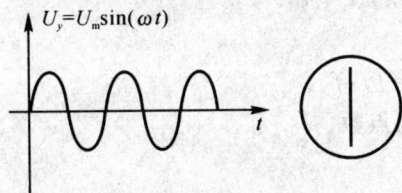

图 4.2.11　信号随时间变化的规律（加在 Y 偏转板）　　图 4.2.12　锯齿波电压（加在 X 偏转板）

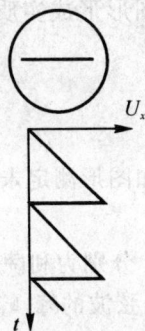

示波器显示波形实质：见图 4.2.13，沿 Y 轴方向的简谐运动与沿 X 轴方向的匀速运动合成的一种合运动。显示稳定波形的条件：扫描电压周期应为被测信号周期的整数倍，即 $T_x = nT_y (n=1,2,3,\cdots)$（见图 4.2.14）。

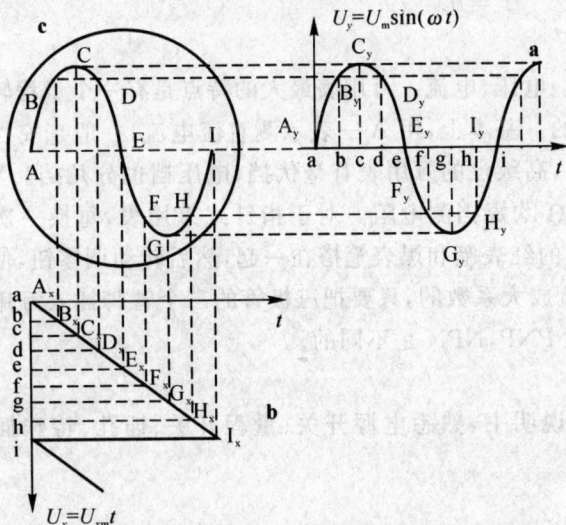

图 4.2.13　示波器显示波形原理图（$T_x = T_y$）　　图 4.2.14　$T_x = 2T_y$ 时合成的图形

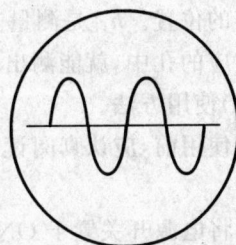

（2）同步扫描（其目的是保证扫描周期是信号周期的整数倍）。

若没有"扫描"（横向的扫描电压），被测信号随时间变化规律就显示不出来；如果没有"整步"，就得不到稳定的波形图像。

为了达到"整步"目的，示波器采用三种方式。"内整步"：将待测信号一部分加到扫描发生器，当待测信号频率 f_y 有微小变化，它将迫使扫描频率 f_x 追踪其变化，保证波形的完整稳定；"外整步"：从外部电路中取出信号加到扫描发生器，迫使扫描频率 f_x 变化，保证波形的完整稳定；"电源整步"：整步信号从电源变压器获得。一般在观察信号时，都采用"内整步"（或称为"内触发"）。

注：若为同步显示的波形出现走动状态，此时应调节：扫描步长，整步方式（一定打在"内"），"电平"位置。

（3）利萨如图形。

利萨如图形形成实质:沿 Y 轴方向的简谐运动与沿 X 轴方向的简谐振动合成的一种合运动。

$$x = 20\sin(2\pi f_x t + \phi_1)$$
$$y = 20\sin(2\pi f_y t + \phi_2)$$

用利萨如图形测定未知信号的频率公式

$$n_y : n_x = f_x : f_y$$

式中的 n_x，n_y 分别为利萨如图形于 X、Y 轴的切点数。

(4) 测正弦波的峰–峰值 V_{p-p}、周期 T。

用示波器观察正弦波波形,若该信号输入通道的标度因子为 V_0,单位为伏/厘米 (V/cm),被测正弦波的正、负峰之间的距离在荧光屏上所占的高度为 H 厘米(cm),则

$$V_{p-p} = V_0 H$$

若正弦波此时的时间扫描轴的单位是 s/cm,一个周期的正弦波形在荧光屏上横轴所占长度为 L(cm),则

$$T = tL$$

4.万用表

万用表的三个基本功能是测量电阻、电压、电流。万用表最大的特点是有一个量程转换开关,各种功能就是通过这个开关来切换的。基本上,用 A —表示测直流电流,一般毫安挡和安培挡各又分几挡。V —表示测直流电压,高级点的万用表有毫伏挡,电压挡也分几挡。V~是用来测交流电压的。A~测交流电流。Ω 欧姆挡测电阻。对于指针式万用表,每换一次电阻挡还要做一次调零。调零就是把万用表的红表笔和黑表笔搭在一起,然后转动调零钮,使指针指向零的位置。h_{FE} 是测量三极管的电流放大系数的,只要把三极管的三个管脚插入万用表面板上对应的孔中,就能测出 h_{FE} 值。注意 PNP,NPN 是不同的。

(1)使用方法。

1)使用前,应认真阅读有关的使用说明书,熟悉电源开关、量程开关、插孔、特殊插口的作用。

2)将电源开关置于 ON 位置。

3)交直流电压的测量:根据需要将量程开关拨至 DCV(直流)或 ACV(交流)的合适量程,红表笔插入 V/Ω 孔,黑表笔插入 COM 孔,并将表笔与被测线路并联,读数即显示。

4)交直流电流的测量:将量程开关拨至 DCA(直流)或 ACA(交流)的合适量程,红表笔插入 mA 孔(<200 mA 时)或 10A 孔(>200 mA 时),黑表笔插入 COM 孔,并将万用表串联在被测电路中即可。测量直流量时,数字万用表能自动显示极性。

5)电阻的测量:将量程开关拨至 Ω 的合适量程,红表笔插入 V/Ω 孔,黑表笔插入 COM 孔。如果被测电阻值超出所选择量程的最大值,万用表将显示"1",这时应选择更高的量程。测量电阻时,红表笔为正极,黑表笔为负极,这与指针式万用表正好相反。因此,测量晶体管、电解电容器等有极性的元器件时,必须注意表笔的极性。

(2)使用注意事项。

1)如果无法预先估计被测电压或电流的大小,则应先拨至最高量程挡测量一次,再视情况逐渐把量程减小到合适位置。测量完毕,应将量程开关拨到最高电压挡,并关闭电源。

2)满量程时,仪表仅在最高位显示数字"1",其他位均消失,这时应选择更高的量程。

　　3)测量电压时,应将数字万用表与被测电路并联。测电流时应与被测电路串联,测直流量时不必考虑正、负极性。

　　4)当误用交流电压挡去测量直流电压,或者误用直流电压挡去测量交流电压时,显示屏将显示"000",或低位上的数字出现跳动。

　　5)禁止在测量高电压(220 V 以上)或大电流(0.5 A 以上)时换量程,以防止产生电弧,烧毁开关触点。

　　6)当显示"BATT"或"LOW BAT"时,表示电池电压低。

五、光学测量仪器

　　1.常用光学元件

　　(1)凸透镜:凸透镜是根据光的折射原理制成的。凸透镜是中央较厚,边缘较薄的透镜。凸透镜分为双凸、平凸和凹凸(或正弯月形)等形式,凸透镜有会聚作用故又称会聚透镜,较厚的凸透镜则有望远、会聚等作用,这与透镜的厚度有关。远视眼镜是凸透镜。

　　(2)凹透镜:凹透镜亦称为负球透镜,镜片的中间薄,边缘厚,呈凹形,所以又叫凹透镜。凹透镜对光有发散作用。近视眼镜是凹透镜。凹透镜分为双凹、平凹、凹凸(注意:凸凹透镜是凹度大于凸度,凹凸透镜是凸度大于凹度的)等形式。

　　(3)平面镜:表面平整光滑透明且能够成像的物体叫作平面镜。平面镜成的像来自物体的光经平面镜反射后,反射光线的反向延长线形成的。平静的水面、抛光的金属表面等都相当于平面镜。我们把反射呈光滑平面的镜子叫作平面镜。

　　1)三棱镜:光学上将横截面为三角形的透明体叫作三棱镜,它是由透明材料做成的截面呈三角形的光学仪器,属于色散棱镜的一种,能够使复色光在通过棱镜时发生色散。

　　2)双棱镜:将一块平玻璃板的上表面加工成两楔形,两端与棱脊垂直,楔角较小,一般小于1°,可以看成是由两折射角很小的直角棱镜组成。1818 年,菲涅耳在建立较严密的光干涉理论的同时,利用双棱镜等仪器组成实验装置,观察到了双光束干涉,它作为无可辩驳的证据为波动光学奠定了坚实的基础,利用双棱镜干涉实验可以测定光的波长。

　　(4)光栅:由大量等宽等间距的平行狭缝构成的光学器件称为光栅。一般常用的光栅是在玻璃片上刻出大量平行刻痕制成,刻痕为不透光部分,两刻痕之间的光滑部分可以透光,相当于一狭缝。精制的光栅,在 1cm 宽度内刻有几千条乃至上万条刻痕。这种利用透射光衍射的光栅称为透射光栅,还有利用两刻痕间的反射光衍射的光栅,如在镀有金属层的表面上刻出许多平行刻痕,两刻痕间的光滑金属面可以反射光,这种光栅称为反射光栅。

　　(5)放大镜:用来观察物体微小细节的简单目视光学器件,是焦距比眼的明视距离小得多的会聚透镜。物体在人眼视网膜上所成像的大小正比于物对眼所张的角(视角)。

　　2.常用光源

　　(1)白炽灯:白炽灯是将灯丝通电加热到白炽状态而发光。白炽灯是由发光用的金属钨丝、与外界电源相通的电极、尾部的密封部分组成。一般将灯泡里面抽成真空或充入其他惰性气体,利用钨的熔点高的特点。

　　(2)钠光灯:钠光灯由特种抗钠玻璃制成内胆,点燃后能辐射 589.0 nm、589.6 nm 钠谱线,提供了标准的平晶观测波长原理,也可作分辨率高速的标准检测设备。

　　(3)汞灯(又名水银灯):高压汞灯工作时,电流通过高压汞蒸气,使之电离激发,放电管中电子、原子和离子间的碰撞而发光。灯工作时,其发光管内汞蒸汽分压在105Pa以上的汞气体放电灯。汞灯的汞蒸汽泄漏以及灯管使用报废后被打碎而成玻璃屑中含有一定量的汞,称为"汞渣",不加适当处理会污染土壤、水体,危害作物、果蔬,或被动物、人体摄入而受害。

(4)激光光源:利用激发态粒子在受激辐射作用下发光的电光源。是一种相干光源。自从1960年美国的 T. H.梅曼制成红宝石激光器以来,各类激光光源的品种已达数百种,输出波长范围从短波紫外直到远红外。激光光源可按其工作物质(也称激活物质)分为固体激光源(晶体和钕玻璃)、气体激光源(包括原子、离子、分子、准分子)、液体激光源(包括有机染料、无机液体、螯合物)和半导体激光源4种类型。激光光源具有下列特点:①单色性好。激光的颜色很纯,其单色性比普通光源的光高1 010倍以上。因此,激光光源是一种优良的相干光源,可广泛用于光通信。②方向性强。激光束的发散立体角很小,为毫弧度量级,比普通光或微波的发散角小2～3数量级。③光亮度高。激光焦点处的辐射亮度比普通光高108～1 010倍。

思 考 题

1.什么是测量方法、实验方法、实验思想?

2.你是怎样看待转换法的?试举例说明。

3.模拟法的目的是什么?在什么情况需要模拟?有什么优点?

4.怎样调节仪器装置水平和铅直?你认为如何调节更准确?

5.什么是积累放大法?请举例说明。

第 5 章 实 验

实验 1　基本测量

【实验目的】

(1)了解游标卡尺、螺旋测微计、天平的构造及工作原理；

(2)学会游标卡尺、螺旋测微计和物理天平的测量方法及读数方法。

【实验仪器】

游标卡尺、螺旋测微计(外径千分尺)、天平和被测物(钢丝、小圆柱体、铜套)。

【实验内容与要求】

(1)用游标卡尺按表 5.1.1 的要求测量(钢套或铜套)的内、外直径 D、d 和高 H。

(2)用螺旋测微计按表 5.1.2、表 5.1.3 的要求测量钢丝的直径和小铜柱体的直径 d' 和高 h。在测量前记下零点读数 d_0，并注意其正负性。

(3)安装调节天平，用天平称量钢套(或铜套)及小圆柱体的质量。

(4)计算钢套(或铜套)及小圆柱体的密度、相对误差和绝对误差。

【实验数据处理】

表 5.1.1　空心圆柱体密度测量数据记录表

$d_0 = $ _____ mm

部位	上			中			下			平均值	相对误差	绝对误差
	1	2	3	1	2	3	1	2	3			
外径 D/mm												
内径 d/mm												
高 H/mm												
质量 M/g												
密度 $\rho/(\text{g} \cdot \text{cm}^{-3})$	$\rho =$											

表 5.1.2　小圆柱体密度测量数据记录表

$d_0 = \underline{\qquad}$ mm

部位		小圆柱体									平均值	相对误差	绝对误差
		上			中			下					
		1	2	3	1	2	3	1	2	3			
d/mm	d'												
	$d'-d_0$												
h/mm	h'												
	$h'-h_0$												
质量 M/g													
密度 $\rho/(\text{g} \cdot \text{cm}^{-3})$		$\rho=$											

表 5.1.3　钢丝直径测量数据记录表

$d_0 = \underline{\qquad}$ mm

部位	钢丝直径									平均值	相对误差	绝对误差
	上			中			下					
	1	2	3	1	2	3	1	2	3			
d'/mm												
$d'-d_0/\text{mm}$												
d/mm	$d=$											

【分析与思考】

1. 分别用游标卡尺和千分尺直接测量约 2 mm 的铜线各得几位有效数字?

2. 已知游标卡尺的分度值(精度值)为 0.01 mm,其主尺的最小分度的长度为 0.5 mm,试问游标的分度格数为多少(以毫米作为单位)? 游标的总长可取哪些值?

实验 2　万用表的调节与使用

【实验目的】

(1)了解万用表的工作原理,掌握其使用方法;

(2)掌握电阻的测量电路。

【实验仪器】

万用表、开关、电阻箱、电池、电阻器等。

【实验原理】

"万用表"是万用电表的简称,它是我们电子测量中一个必不可少的工具。万用表能测量电流、电压、电阻,有的还可以测量三极管的放大倍数、频率、电容值、逻辑电位、分贝值等。

1. 直流电流测量

测量电流时,表与被测电路相串联,由于表头的满偏电流一般都很小,所以为了扩大量程,就要在表头引出线两端并上各种不同的电阻,利用分流原理使表头通过的电流仅为被测电流的一小部分,而大部分电流通过分流电阻。

常用的多量程电流表的电路结构如图 5.2.1 所示。

这种电路称为闭路式分流电路,它的优点是结构简单,不会出现因开关触点接触不良而导致表头烧毁,所以万用表一般采用这种分流电路。

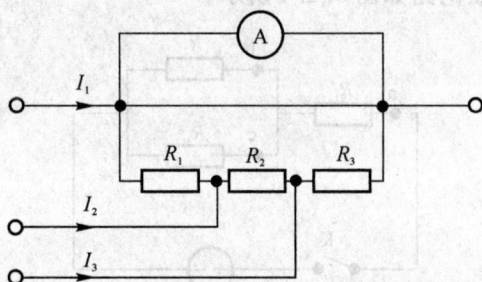

图 5.2.1　直流电流测量电路结构图

2. 直流电压测量

万用表的表头是一个具有一定内阻的表头,可以直接用于测量很低的直流电压。但是,为了适应多量程的需要,必须在表头串接不同的电阻。如图 5.2.2 所示,在表头上串联一个适当的电阻(倍增电阻)进行降压,就可以扩展电压量程。改变倍增电阻的阻值,就能改变电压的测量范围。

3. 电阻测量

万用表除测量电流和电压外,还能测量直流电阻。直流电阻是一种无源元件,它没有驱动表头指针偏转的能量,测量时必须借助于附加直流电源。万用表常用的测直流电阻原理电路如图 5.2.3 所示,在表头上并联和串联适当的电阻,同时串接一节电池,使电流通过被测电阻,根据电流的大小,就可测量出电阻值。改变分流电阻的阻值,就能改变万用表的量程。

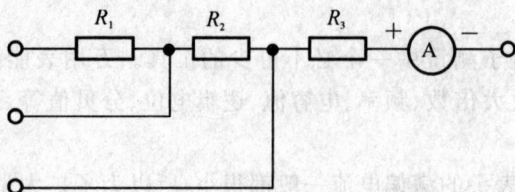

图 5.2.2　直流电压测量电路结构图

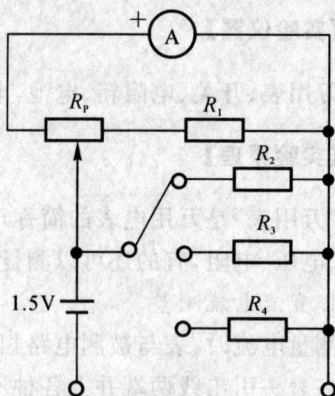

图 5.2.3　电阻测量电路结构图

【实验内容与要求】

连接一个基本的串并联电路如图 5.2.4 所示。

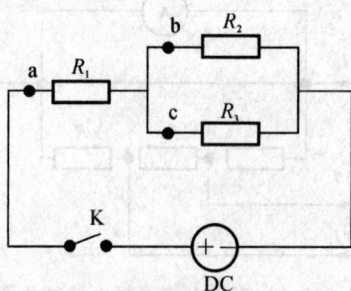

图 5.2.4　基本串并联电路

1. 直流电流测量

(1)将黑表笔插入"COM"插孔,红表笔插入"mA"插孔中;

(2)将量程开关转至相应的 DCA 量程上,然后将仪表分别串入电路 a,b,c,读出通过 R_1, R_2,R_3 的电流值,填入表 5.2.1。

表 5.2.1　数据记录

位置	a			b			c		
电流 I/mA									
平均值									

注意:

(1)如果事先对被测电流范围没有概念,应将量程开关转到最高的挡位,然后根据显示值转到相应的挡位上;

(2)如测量时高位显示"1",表明已经超过测量范围,须将量程开关调高一挡。

2. 直流电压测量

(1)将黑表笔插入"COM"插孔,红表笔插入 V/Ω/Hz 插孔;

（2）将量程开关转至相应的 DCV 量程上，然后将测试表笔分别跨接在 R_1，R_2，R_3 上，读出 R_1，R_2，R_3 两端的电压值，填入表 5.2.2。

表 5.2.2　数据记录

电阻	R_1			R_2			R_3		
电压 U/V									
平均值									

注意：

（1）如果事先对被测电压范围没有概念，应将量程开关转到最高的挡位，然后根据显示值转到相应的挡位上。

（2）未测量时小电压挡有残留数字，属正常现象，不影响测试；如测量时高位显示"1"，表明已经超过量程，须将量程换旋钮转至较高挡位上。

3. 电阻测量

（1）将黑表笔插入"COM"插孔，红表笔插入 V/Ω/Hz 插孔；

（2）将量程开关转至相应的电阻量程上，将 R_1，R_2，R_3 与电路断开，然后将测试表笔分别跨接在被测电阻上，在表 5.2.3 中记下 R_1，R_2，R_3 的阻值。

表 5.2.3　数据记录

电阻	R_1			R_2			R_3		
电阻 R/Ω									
平均值									

利用内容 1，2 的数据，计算出电阻 R_1，R_2，R_3 的阻值，将其与内容 3，电阻自身标注的阻值比较，分析说明三者有何不同。

注意：

（1）如果电阻值超过所选的量程值，将会显示"1"，这时应将开关转高一挡；当电阻值超过 1 MΩ 以上时，读数需几秒钟才能稳定，这在测量高阻时是正常的；

（2）当输入端开路时，将会显示过载情形；

（3）测量在线电阻时，要确认被测电路中所有电源开关已关断且所有电容已完全放电时，才可进行；

（4）在使用 200 Ω 量程时，应先将表笔短路，测得引线电阻，然后在实测时应减去；

（5）请勿在使用电阻量程时输入电压。

【注意事项】

（1）在测电流、电压时，不能带电换量程，测量电压时，应将数字万用表与被测电路并联。测电流时应与被测电路串联，测直流量时不必考虑正、负极性。

（2）测量电流与电压不能旋错挡位。如果误用电阻挡或电流挡去测电压，就极易烧坏电表。万用表不用时，最好将挡位旋至交流电压最高挡，避免因使用不当而损坏。

（3）如果不知道被测电压或电流的大小，应先用最高挡，而后再选用合适的挡位来测试，以免损坏仪表。所选用的挡位愈靠近被测值，测量的数值就愈准确。

（4）万用表测电阻时，不能带电测量。因为测量电阻时，万用表由内部电池供电，如果带电测量则相当于接入一个额外的电源，可能损坏表头。

（5）测量电阻时，不要用手触及元件的裸体的两端（或两支表棒的金属部分），以免人体电阻与被测电阻并联，使测量结果不准确。

（6）万用表满量程时，仪表仅在最高位显示数字"1"，其他位均消失，这时应选择更高的量程。当显示"BATT"或"LOW BAT"时，表示电池电压低于工作电压。

实验 3　示波器的调节和使用

【实验目的】

（1）了解示波器的基本结构及扫描同步的工作原理；
（2）学会示波器的调整方法；
（3）掌握用示波器测量频率、电压的方法。

【实验仪器】

示波器、函数信号发生器等。

【实验原理】

电子示波器又称阴极射线示波器，它可以用以直接观察输入信号的电压波形，并能测量信号的电压大小及相应的频率值。一切可通过传感器转化为电压信号的电学量或非电学量（诸如位移、速度、压力、温度等）以及它们随时间的变化过程，都可用示波器来观察或测量，由于电子射线的惯性小，又能在荧光屏上显示可见的图像（见图 5.3.1），因此它特别适用于观测瞬时变化过程，是一种应用广泛的电子测量仪器。

HH43415 型示波器频率调节范围 0～20 MHz。根据前面的知识可知，当扫描周期为 Y 轴输入信号周期 n 倍时，屏上将出现 n 个周期的稳定信号（如正弦波波形），但两个独立发生的电振荡频率在技术上难以调节为准确的整数倍，因而屏上波形将发生横向移动，不能稳定，造成观测困难。克服办法是用 Y 轴输入信号的频率去控制扫描发生器的频率，也就是用被观测信号去触发扫描信号，以达到完全同步的目的。使 Y 轴信号的频率精确的等于扫描信号频率的整数倍，即

$$\frac{f_y}{f_x}=n, \quad n=1,2,3,\cdots \tag{5.3.1}$$

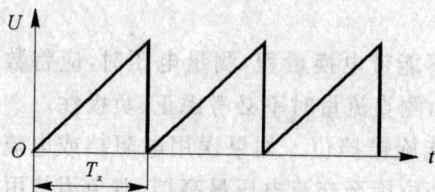

图 5.3.1　锯齿波信号

　　电路的这种控制作用称为同步,它是由放大后的 Y 轴电压信号作用于锯齿波发生器上完成的。

【实验内容与要求】

1.示波器的调节

　　YB4328 型双踪示波器的面板图如图 5.3.2 所示。其面板装置按其位置和功能通常可划分为 3 大部分:显示、垂直(Y 轴)、水平(X 轴)。现分别介绍各个部分控制装置的作用。

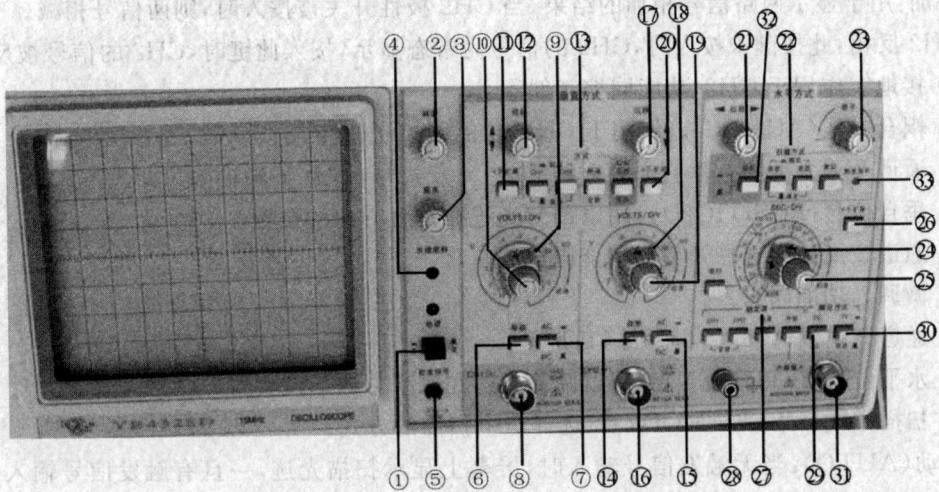

图 5.3.2　YB4382 型双踪示波器前面板示意图

　　① 电源开关(POWER)。按入此开关,仪器电源接通,指示灯亮。

　　② 辉度(INTENSITY)。光迹亮度调节,顺时针旋转光迹增亮。

　　③ 聚焦(FOCUS)。调整光点或波形清晰度。

　　④ 光迹旋转(TRACE ROTATION)。调节光迹与水平线平行。

　　⑤ 探极校准信号(PROBE ADJUST)。此端口输出幅度为 0.5V,频率为 1kHz 的方波信号,用以校准 Y 轴偏转系数和扫描时间系数。

　　⑥ 接地。输入端处于接地状态,用以确定输入端为零电位时光迹所在位置。

　　⑦耦合方式(AC‐DC)。垂直通道 1 的输入耦合方式选择,AC:信号中的自流分量被隔开,用以观察信号的交流成分;DC:信号与仪器通道直接耦合,当需要观察信号的直流分量或被测信号的频率较低时应选用此方式。

　　⑧ 通道 1 输入插座 CH1(X)。双功能端口,在常规使用时,此端口作为垂直通道 1 的输入口,当仪器工作在 X‐Y 方式时此端口作为水平轴信号输入口。

　　⑨ 通道 1 灵敏度选择开关(VOLTS/DIV)。选择垂直轴的偏转系数,从 5mV/ d i v～10V/div 分 11 个挡级调整,可根据被测信号的电压幅度选择合适的挡级。

　　⑩ 微调(VARIABLE)。用以连续调节垂直轴的偏转系数,调节范围≥2.5 倍,该旋钮顺时针旋转时为校准位置,此时可根据 VOLTS/DIV 开关度盘位置和屏幕显示幅度读取该信号的电压值。

　　⑪ 通道扩展开关(PULL × 5)。按入此开关,增益扩展 5 倍。

⑫ 垂直位移（POSITION）。用以调节光迹在垂直方向的位置。

⑬ 垂直方式（MODE）。选择垂直系统的工作方式。

CH1：只显示 CH1 通道的信号。

CH2：只显示 CH2 通道的信号。

交替：用于同时观察两路信号，此时两路信号交替显示，该方式适合于在扫描速率较快时使用。

断续：两路信号断续工作，适合于描速率较慢时同时观察两路信号。

叠加：用于显示两路信号相加的结果，当 CH2 极性开关被按入时，则两信号相减。

CH2 反相：此按键未按入时，CH2 的信号为常态显示，按入此键时，CH2 的信号被反相。

⑭ 接地。作用于 CH2，功能同控制件⑥

⑮ 耦合方式（AC‐DC）。作用于 CH2，功能同控制件⑦。

⑯ 通道 2 输入插座。垂直通道时，在 X‐Y 方式时，作为 Y 轴输入口。

⑰ 垂自位移（POSITION）。用以调节光迹在垂直方向的位置。

⑱ 通道 2 灵敏度选择开关。功能同⑨。

⑲ 微调。功能同⑩。

⑳ 通道 2 扩展（×5）。功能同 1111。

㉑ 水平位移（POSITION）。用以调节光迹在水平方向的位置。

㉒ 扫描方式（SWEEP MODE）。选择产生扫描的方式。

自动（AUTO）：当无触发信号输入时，屏幕上显示扫描光迹，一旦有触发信号输入，电路自动转换为触发扫描状态，调节电平可使波形稳定地显示在屏幕上，此方式适合观察频率在 50Hz 以上的信号。

常态（NORM）：无信号输入时，屏幕上无光迹显示，有信号输入时，且触发电平旋钮在合适位置上，电路被触发扫描，当被测信号频率低于 50Hz 时，必须选择该方式。

锁定：仪器工作在锁定状态后，无需调节电平即可使波形稳定的显示在屏幕上。

单次：用于产生单次扫描，进入单次状态后，按动复位键，电路工作在单次扫描方式，扫描电路处于等待状态，当触发信号输入时，扫描只产生一次，下次扫描需再次按动复位键。

㉓ 电平（LEVEL）。用以调节被测信号在变化至某一电平时触发扫描。

㉔ 扫描速率（SEC/DIV）。根据被测信号的频率高低，选择合适的挡级。当扫速"微调"置校准位置时，可根据度盘的位置和波形在水平轴的距离读出被测信号的时间参数。

㉕ 微调（VARIABLE）。用于连续调节扫描速率，调节范围≥2.5 倍。顺时针旋转为校准位置。

㉖ 扫描扩展开关（×5）。按入此按键，水平速率扩展 5 倍。

㉗ 触发源（TRIGGER SOURCE）。用于选择不同的触发源。

CH1：在双踪显示时，触发信号来自 CH1 通道，单踪显示时，触发信号则来自被显示的通道。

CH2：在双踪显示时，触发信号来自 CH2 通道，单踪显示时，触发信号则来自被显示的通道。

交替：在双踪交替显示时，触发信号交替来自于两个 Y 通道，此方式用于同时观察两路不相关的信号。

电源:触发信号来自于市电。

外接:触发信号来自于触发输入端口。

㉘ 机壳接地端。

㉙ AC/DC。外触发信号的耦合方式,当选择外触发源,且信号频率很低时,应将开关置DC 位置。

㉚ 常态/TV(NORM/TV)。一般测量此开关置常态位置,当需观察电视信号时,应将此开关置 TV 位置。

㉛ 外触发输入(EXT INPUT)。当选择外触发方式时,触发信号由此端口输入。

㉜ 极性(SLOPE)。用以选择被测信号在上升沿或下降沿触发扫描。

㉝ 触发指示。该指灯具有两种功能指示,当仪器工作在非单次扫描方式时,该灯亮表示扫描电路工作在被触发状态,当仪器工作在单次扫描方式时,该灯亮表示扫描电路在准备状态,此时若有信号输入将产生一次扫描,指示灯随之熄灭。

将电源线插入交流电源插座之前,按表 5.3.1 设置仪器的开关及控制旋钮(或按键)。

表 5.3.1 项目设置

项目	位置设置
电源	断开位置
辉度	相当于时钟"3 点"位置
聚焦	中间位置
Y 方式	Y_1
位移	中间位置、推进去
v/cm	10mV/cm
微调	校准(顺时针旋到底)
AC - DC	AC
内触发	Y_1
触发源	内(INT)
耦合	AC
极性	＋
电平	居中
扫描方式	居中
扫描方式	自动
t/cm	0.5ms/cm
微调	校准(顺时针旋到底)
位移	中间位置

各开关及控制旋钮如上所示设置好之后,把电源线连接到交流电源插座上,然后按下列步骤操作:

(1)接下电源开关,电源指示灯亮,约 20s 后,示波器屏幕上将出现一扫描线(一条水平线),若 60s 后仍无扫描线出现,则按上表所示再仔细检查各开关,旋钮是否到位,并适当调节电平旋钮㉓。

(2)调节辉度②及聚焦③使扫描线亮度适当且最为清晰。

(3)调节 Y,位移旋钮⑫使扫描线位屏幕中间位置。

(4)将校准信号⑤与 Y₁ 的输入端相连。

(5)将 AC－DC 开关置于 AC 位置,如图 5.3.3 所示的方波将出现在屏上。

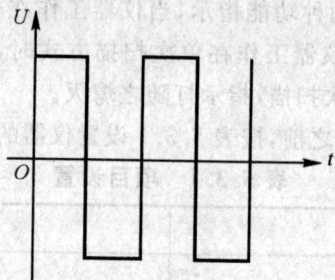

图 5.3.3　校准方波信号

2.观察各种波形

分别将函数信号发生器的正弦波、方波信号加到示波器的 CH1 输入端,观察屏幕上出现的信号并记录之。

3.测量正弦波信号的频率

将信号源的正弦波信号接入示波器的 Y₁ 轴的输入端,适当调节旋钮㉔使波形的宽窄合适。同时微调旋钮㉕必须顺时旋到"CALD"(即校准位置)此时数出一个周期内的格子数,屏幕上一个方格为 1cm²,一个周期几个方格即为几厘米,(可根据实际情况估读小数)旋钮㉔指示的是每厘米所对应的时间。如旋钮㉔对应的是 2 ms/cm,屏幕上一个周期的长度为 5 cm,则信号的周期:

$$T=2\times10\times5=0.01 \text{ s}$$

$$f=\frac{1}{T}=100 \text{ Hz}$$

将信号发生器输出频率分别调至 200Hz,500Hz,1 000Hz,1.5kHz,2.0kHz,同时依次改变㉔扫描时间因子,使屏上出现清晰可观的图像,并依照表上给出的频率,记录扫描时间因子,波形的一个周期内的格子数,按公式

$$f=\frac{1}{T}$$

$$T=t\times n$$

式中,t:扫描时间因子(TIME/cm);n:格子数(cm)。

计算出频率,并与信号发生器面板上显示的频率进行比较,计算误差。测量数据记录在表5.3.2 中。

表 5.3.2 正弦波信号频率测量数据表

信号发生器频率 f/Hz	200	500	1 000	2 500	3 000
扫描时间因子 ms/cm（t）s					
一个周期内格子数 n/cm					
测量频率 f					
$\Delta f = f_{信} - f_{测}$					

4.观察利萨茹图形

若将一正弦电压接入示波器 Y 轴,另一正弦电压接入示波器 X 轴,扫描时间因子（TIME/cm）旋钮置于 X-Y 位置,即可形成 X、Y 两相互垂直振动的合成图形。而当两者频率成整数比时的特殊情况下,即 $\dfrac{f_y}{f_x} = N(N=1,2,3\cdots)$ 可形成稳定的闭合曲线,并可根据闭合曲线的形状计算出另一未知电压信号的频率。令 f_y、f_x 分别代表加在 X 轴和 Y 轴上电压信号的频率,n_x 表示闭合曲线在 X 方向切线切点的个数,n_y 表示闭合曲线在 Y 方向切线切点的个数,则有

$$\frac{f_x}{f_y} = \frac{n_y}{n_x}$$

如果已知 f_x 就可以用上面的公式求出 f_y,按表 5.3.3 给出的 f_x,f_y 的频率进行测量,记录 n_x,n_y,测量时固定 X 轴信号频率如（$f=50$ Hz）,由示波器自带信号源给出,或由低频函数信号发生器分别双路给出,尔后将测量值与低频信号发生器面板上的实际读数进行比较,并计算出相对误差。

表 5.3.3 利萨茹图数据表

f_x/Hz	500	500	500	500	500	500	由 B 路给出
f_y/Hz	250	500	750	1 000	1 500	2 000	信号发生器 A 路给出
n_x							X 轴切点个数
n_y							Y 轴切点个数
$f_{测}$							$f_{测} = f_x \dfrac{n_x}{n_y}$
$\Delta f = f_y - f_{测}$							

【注意事项】

(1)实验中各仪器的信号线不可混接,以防短路。

(2)示波器使用时注意辉度适中,不宜长时间停留一点,以免损坏荧光屏。

(3)在实验过程中,如果长时间不使用示波器,可将辉度调至最小,不要经常断电源,以免影响仪器使用寿命。

【分析与思考】

1.示波器扫描频率远大于或远小于正弦波信号频率时,屏上图形状是什么状况?

2.在用利萨茹图形测频率时,当 $f_y = f_x$ 时,屏上图形为什么还时刻在变动?

实验 4 单摆测重力加速度

【实验目的】

(1)掌握用单摆测量重力加速度的方法;

(2)学习电子停表(或机械秒表)的使用;

(3)了解系统误差的来源,通过作直方图认识偶然误差的特点。

【实验仪器】

螺旋测微器、电子停表(或机械秒表)、单摆装置、钢卷尺、三角板等。

【实验原理】

1. 单摆测重力加速度 g

用一不可伸长的轻线悬挂一小球,当细线质量比小球的质量小很多,而且小球的直径又比细线的长度小很多时,作摆角 θ 很小的摆动,此种装置称为单摆。如图 5.4.1 所示。如果把小球稍微拉开一定距离,小球在重力作用下可在铅直平面内做往复运动,一个完整的往复运动所用的时间称为一个周期 T。

设小球的质量为 m,其质心到摆的支点 O 的距离为 L(摆长)。作用在小球上的切向力为 $mg\sin\theta$,它总指向平衡点 O_1,当 θ 角很小时,则 $\sin\theta \approx \theta$,切向力的大小为 $mg\theta$,按牛顿第二定律,质点的运动方程为

$$ma_{切} = -mg\sin\theta, \quad mL\frac{\mathrm{d}^2\theta}{\mathrm{d}t^2} = -mg\theta, \quad \frac{\mathrm{d}^2\theta}{\mathrm{d}t^2} = -\frac{g}{L}\theta$$

这是一个简谐运动方程。可知该简谐振动角频率的平方等于 g/L,由此得

$$T = 2\pi\sqrt{\frac{L}{g}} \qquad (5.4.1)$$

所以

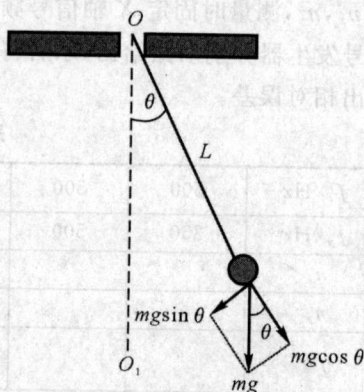

图 5.4.1 单摆受力分析图

$$g = 4\pi^2\frac{L}{T^2} \qquad (5.4.2)$$

利用式(5.4.2)可求出重力加速度 g。

2. 单摆测重力加速度的系统误差分析

式(5.4.1)是测周期 T 的理论公式,它要求:

(1) 单摆的摆角很小,要小于 5°;

(2) 球的直径 D 应远小于单摆的摆长 L;

(3) 摆线的质量应远小于球的质量 m;

(4) 不计空气的浮力和阻力的影响。

3.偶然误差的特点

偶然误差表现为无规则的涨落。在相同的条件下进行大量测量时,误差呈现出一定的统计规律。如图 5.4.2 所示的直方图所示。

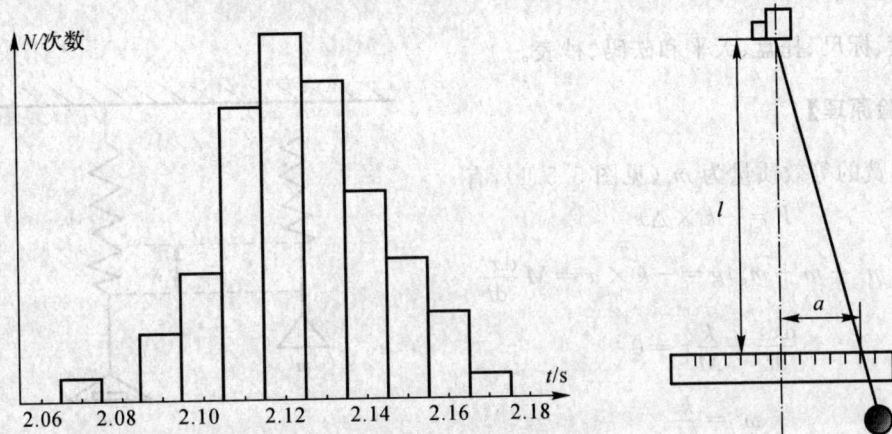

图 5.4.2　单摆误差统计图

【实验内容与要求】

1.单摆测重力加速度 g

(1)测量摆长 L:将摆长取大约 1 米,测量支点到球心的距离 L,共测 3 次;

(2)测量摆角:应保证摆角小于 5°;

(3)测量摆动周期 T:用停表测定摆动 50 次所需时间 T_{50},则周期 T 为:$T = \dfrac{T_{50}}{50}$(s);

(4)计算重力加速度 g:由公式 $g = 4\pi^2 \dfrac{L}{T^2}$ 计算出重力加速度 g,并利用误差的传递公式确定绝对误差 Δg,并按误差理论的要求表示测量结果。

2.偶然误差统计规律的研究

用停表测出摆动一次的时间 T,重复 100 次,由每次测定不同的 T,得出偶然误差的统计规律。

【分析与思考】

1.本实验摆动周期取多次时出于什么考虑?

2.试由统计图说明偶然误差的特点。

3.试分析影响测量的各种因素。如何减小他们的影响?

实验 5　弹 簧 振 子

【实验目的】

(1)了解简谐振动的基本规律;

（2）研究弹簧本身质量对振动的影响；

（3）了解胡克定律（用作图法求弹簧的倔强系数 K 和有效质量 m_e）。

【实验仪器】

弹簧、标尺、托盘、天平和砝码、秒表。

【实验原理】

设弹簧的等效质量为 m_e（见图 5.5.1），有

$$F = -k \times \Delta x$$

$$F = (m' + m + m_e)g = -k \times x = M \frac{dx^2}{dt}$$

$$\frac{dx^2}{dt} + \frac{k}{M}x = 0$$

$$\omega^2 = \frac{k}{M}$$

$$T = \frac{2\pi}{\omega} = \frac{2\pi}{\sqrt{\frac{K}{M}}} = 2\pi\sqrt{\frac{M}{K}}$$

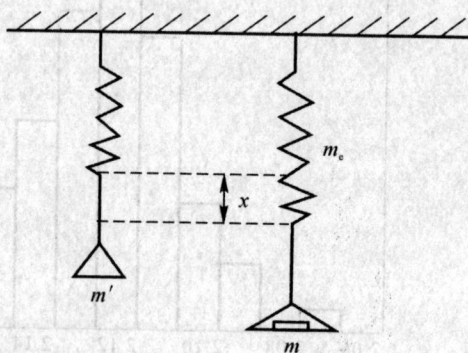

图 5.5.1 弹簧振子受力分析图

弹簧振动周期为

$$T = 2\pi\sqrt{\frac{M}{K}}$$

$$T = 2\pi\sqrt{\frac{m' + m + m_e}{K}}$$

$$T^2 = \frac{4\pi^2}{K}(m' + m + m_e)$$

设 $y = T^2$, $x = m$

$$a = \frac{4\pi^2}{K}$$

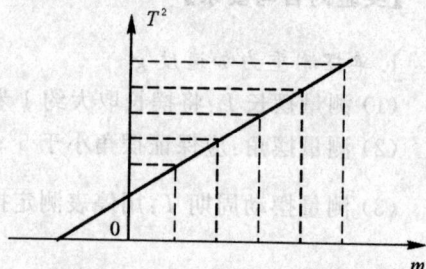

图 5.5.2 T^2 与 m 关系图

$$b = \frac{4\pi^2}{K}(m' + m_e)$$

故 $y = ax + b$（正比例关系，是一条直线），见图 5.5.2。

【实验内容与要求】

（1）称量托盘的质量 m'。

（2）将 50g 砝码放在托盘上，向下拉动弹簧2cm，使其振动 50 次。共测量 3 次。

（3）不断增加砝码（分别为 60g，70g，80g，90g，100g），重复上步。

（4）作曲线，求弹簧的倔强系数 K_1 和等效质量 m_e。

（5）让弹簧自由伸长，记录初始位置 x_0。

（6）加50g砝码，记录位置 x_1；再加20g砝码，记录位置 x_2；再加10g砝码，记录位置 x_3；减小相应砝码，记录对应的 x'_3，x'_2，x'_1，x'_0，采用"逐差法"计算 $K_2 = \bar{K} \pm \Delta k$。

【注意事项】

(1) 弹簧的伸长不可超过其弹性限度,以防损坏弹簧;

(2) 弹簧振子只能有竖直方向的运动;

(3) 用"逐差法"处理数据时,分成两组,对应项相减再求平均和误差。

实验 6　刚体的转动惯量测量

转动惯量是刚体在转动中惯性大小的量度,它与刚体的体密度 ρ(几何形状规则的物体则与其质量)、几何形状(ρ 的分布)和转轴位置有关。对于形状简单、质量分布均匀的刚体,通过直接计算可求出它绕定轴的转动惯量。对于形状复杂、质量分布不均匀的刚体,例如机械部件、电动机转子和枪炮的弹丸等,用计算方法求它们的转动惯量极为复杂,通常采用实验方法来测定,因此学会刚体转动惯量的测量方法具有实际意义。

转动惯量的测量方法有多种,如三线摆、扭摆法、复摆法和塔轮法。这几种方法都是通过表征某种运动特征的物理量与转动惯量的关系,进行转换测量,间接得到转动惯量的值。

本实验中采用扭摆法,使物体作扭摆运动,由摆动周期及其他参数的测定计算出物体的转动惯量。例如机械部件、电动机转子和枪炮的弹丸等都可以用扭摆法测量其转动惯量。

【实验目的】

(1) 熟悉扭摆或塔轮装置的构造及使用方法;

(2) 掌握扭摆法或塔轮法测量刚体转动惯量的实验原理。

【实验原理】

1. 物体转动惯量的测量

扭摆的构造如图 5.6.1 所示,在垂直轴 1 上装有一根薄片的螺旋弹簧 2,用以产生恢复力矩。在轴的上方可以装上各种待测物体。垂直轴与支座间装有轴承,以降低摩擦力矩。3 为水平仪,用来调整系统平衡。将物体在水平面内转过一角度 θ 后,在弹簧的恢复力矩作用下物体就开始绕垂直轴作往返扭转运动。根据胡克定律,弹簧受扭转而产生的恢复力矩 M 与所转过的角度 θ 成正比,即

$$M = -K\theta \qquad (5.6.1)$$

式中,K 为弹簧的扭转常数,根据转动定律

$$M = I\beta$$

式中,I 为物体绕转轴的转动惯量,β 为角加速度,由上式得

$$\beta = \frac{M}{I} \qquad (5.6.2)$$

令 $\omega^2 = \dfrac{K}{I}$,忽略轴承的摩擦阻力矩,由式(5.6.1)、式(5.6.2)得

$$\beta = \frac{d^2\theta}{dt^2} = -\frac{K}{I}\theta = -\omega^2\theta$$

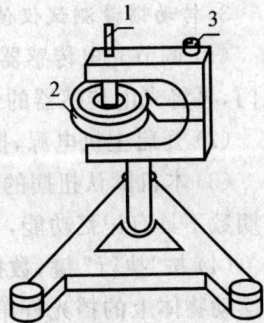

图 5.6.1　扭摆

上述方程表示扭摆运动具有角简谐振动的特性,角加速度与角位移成正比,且方向相反。此方程的解为

$$\theta = A\cos(\omega t + \varphi)$$

式中,A 为谐振动的角振幅,φ 为初相位角,ω 为角速度,此谐振动的周期为

$$T = \frac{2\pi}{\omega} = 2\pi\sqrt{\frac{I}{K}} \qquad (5.6.3)$$

由(5.6.3)可知,只要实验测得物体扭摆的摆动周期,并在 I 和 K 中任何一个量已知时即可计算出另一个量。

本实验用一个几何形状规则的物体,它的转动惯量可以根据它的质量和几何尺寸用理论公式直接计算得到,再算出本仪器弹簧的 K 值。若要测定其他形状物体的转动惯量,只需将待测物体安放在本仪器顶部的各种夹具上,测定其摆动周期,由公式(5.6.3)即可算出该物体绕转动轴的转动惯量。

2. 平行轴定理的验证

理论分析证明,若质量为 m 的物体绕通过质心轴的转动惯量为 I_0 时,当转轴平行移动距离 x 时,则此物体对新轴线的转动惯量变为 $I_0 + mx^2$,这称为转动惯量的平行轴定理。

【实验仪器】

扭摆装置、待测物体、转动惯量测试仪、物理天平、游标卡尺。

1. 扭摆装置及几种待测转动惯量的物体

空心金属圆柱体、实心塑料圆柱体、木球、验证转动惯量平行轴定理用的细金属杆、杆上有两块可以自由移动的金属滑块。

2. 转动惯量测试仪

由主机和光电传感器两部分组成。

主机采用新型的单片机作控制系统,用于测量物体转动和摆动的周期,以及旋转体的转速,能自动记录、存贮多组实验数据并能够精确地计算多组实验数据的平均值。

光电传感器主要由红外发射管和红外接收管组成,将光信号转换为脉冲电信号,送入主机工作。因人眼无法直接观察仪器工作是否正常,但可用遮光物体往返遮挡光电探头发射光束通路,检查计时器是否开始计数和到预定周期数时,是否停止计数。为防止过强光线对光探头的影响,光电探头不能置放在强光下,实验时采用窗帘遮光,确保计时的准确。

3. 转动惯量测试仪使用方法

(1)调节光电传感器在固定支架上的高度,使被测物体上的挡光杆能自由往返地通过光电门,再将光电传感器的信号传输线插入主机输入端(位于测试仪背面)。

(2)开启主机电源,摆动指示灯亮,参量指示为"P_1"、数据显示为'——'"。

(3)本机默认扭摆的周期数为10,如要更改,可参照仪器使用说明3,重新设定。更改后的周期数不具有记忆功能,一旦切断电源或按"复位"键,便恢复原来的默认周期数。

(4)按"执行"键,数据显示为"000.0",表示仪器已处在等待测量状态,此时,当被测的往复摆动物体上的挡光杆第一次通过光电门时,由"数据显示"给出累计的时间,同时仪器自行计算周期并予以存贮,以供查询和作多次测量求平均值,至此,P_1(第一次测量)测量完毕。

(5)按"执行"键,"P_1"变为"P_2",数据显示又回到"000.0",仪器处在第二次待测状态,本

机设定重复测量的最多次数为 5 次,即($P_1,P_2\cdots P_5$)。通过"查询"键可知各次测量的周期值以及它们的平均值。

【实验内容与要求】

(1) 测出塑料圆柱体的外径、金属圆筒的内径和外径、木球直径、金属细长杆长度及各物体质量(各测量 3 次取平均值)。

(2) 调整扭摆基座底脚螺丝,使水平仪的气泡位于中心。

(3) 装上金属载物盘,并调整光电探头的位置使载物盘上的挡光杆处于其缺口中央且能遮住发射、接收红外光线的小孔。测定摆动周期 T_0。

(4) 将塑料圆柱体垂直放在载物盘上,测定摆动周期 T_1。

(5) 用金属圆筒代替塑料圆柱体,测定摆动周期 T_2。

(6) 取下载物金属盘,装上金属细杆(金属细杆中心必须与转轴重合)。测定摆动周期 T_3。(在计算金属细杆的转动惯量时,应扣除支架的转动惯量)。

(7) 将滑块对称放置在细杆两边的凹槽内,此时滑块质心离转轴的距离分别为 5.00,10.00,15.00,20.00,25.00(cm),测定摆动周期 T,验证转惯量平行轴定理。(在计算转动惯量时,应扣除支架的转动惯量)。

(8) 计算每个待测物体的转动惯量的理论值,并和实验值进行比较,计算相对误差。

【数据记录与处理】

数据记录见表 5.6.1。

表 5.6.1　数据记录

物体名称	质量/ kg	几何尺寸/ (10^{-2} m)	周期/ s	I 理论值/ (10^{-4} kg·m²)	I 实验值/ (10^{-4} kg·m²)	相对误差
金属 载物盘 和轴			T_0 $\overline{T}_0$		$I_0=\dfrac{I'_1 T_0^2}{T_1^2-T_0^2}=$	
塑料圆柱		$\overline{D}_1$	T_1 $\overline{T}_1$	$I'_1=\dfrac{1}{8}mD_1^2=$	$I_1=\dfrac{KT_1^2}{4\pi^2}-I_0=$	

续　表

物体名称	质量/kg	几何尺寸/(10^{-2} m)	周期/s	I 理论值/(10^{-4} kg·m^2)	I 实验值/(10^{-4} kg·m^2)	相对误差
金属圆柱		$\overline{D}_{外}$	T_2	$I'_2 = \dfrac{1}{8}m(D_{外}^2 + D_{内}^2)$ =	$I_2 = \dfrac{KT_2^2}{4\pi^2} - I_0 =$	
		$\overline{D}_{内}$				
			$\overline{T}_2$			
金属细杆		$\overline{L}$	T_3	$I'_3 = \dfrac{1}{12}mL^2 =$	$I_3 = \dfrac{K}{4\pi^2}T_3^2 - I_{夹具} =$	
			$\overline{T}_3$			

【注意事项】

（1）由于弹簧的扭转常数 K 值不是固定常数，它与摆动角度略有关系，摆角在 90° 左右基本相同，在小角度时变小。

（2）为了降低实验时由于摆动角度变化过大带来的系统误差，在测定各种物体的摆动周期时，摆角不宜过小，摆幅也不宜变化过大。

（3）光电探头宜放置在挡光杆平衡位置处，挡光杆不能和它相接触，以免增大摩擦力矩。

（4）机座应保持水平状态。

（5）在安装待测物体时，其支架必须全部套入扭摆主轴，并将止动螺丝旋紧，否则扭摆不能正常工作。

（6）在称量金属细杆时，必须将支架取下，否则会带来极大误差。

（7）请带计算器进行数据处理。

【分析与思考】

1. 还有哪些方法可以测量物体转动惯量？举例说明这些方法的优缺点。

2. 试根据扭摆的测量数据说明，能否利用平行轴定理求得金属细杆上滑块对质心的转动惯量？为什么？

实验 7　杨氏弹性模量测量

任何物体在外力作用下都会发生形变，当形变不超过某一限度时，撤走外力之后，形变能随之消失，这种形变称为弹性形变。如果外力较大，当它的作用停止时，所引起的形变并不完全消失,而有剩余形变,称为塑性形变。发生弹性形变时,物体内部产生恢复原状的内应力。弹性模量是反映材料形变与内应力关系的物理量,是工程技术中常用的参数之一。

【实验目的】

(1) 掌握用拉伸法测量杨氏弹性模量的原理和方法;

(2) 学会光杠杆测量微小长度变化的原理和方法。

【实验原理】

在形变中,最简单的形变是柱状物体受外力作用时的伸长或缩短形变。设柱状物体的长度为 L,截面积为 S,沿长度方向受外力 F 作用后伸长(或缩短)量为 ΔL,单位横截面积上垂直作用力 F/S 称为正应力,物体的相对伸长 $\Delta L/L$ 称为线应变。实验结果证明,在弹性范围内,正应力与线应变成正比,即

$$\frac{F}{S} = Y\frac{\Delta L}{L} \tag{5.7.1}$$

这个规律称为胡克定律。式中比例系数 Y 称为杨氏弹性模量。在国际单位制中,它的单位为 N/m^2,在厘米克秒制中为达因 / 厘米^2。它是表征材料抗应变能力的一个固定参量,完全由材料的性质决定,与材料的几何形状无关。

本实验是测钢丝的杨氏弹性模量,实验方法是将钢丝悬挂于支架上,上端固定,下端加砝码对钢丝施力 F,测出钢丝相应的伸长量 ΔL,即可求出 Y。钢丝长度 L 用钢卷尺测量,钢丝的横截面积 $S = \dfrac{\pi d^2}{4}$,直径 d 用千分尺测出,力 F 由砝码的质量求出。在实际测量中,由于钢丝伸长量 ΔL 的值很小,约 10^{-1} mm 数量级。因此 ΔL 的测量采用光杠杆放大法进行测量。

图 5.7.1(b) 是光杠杆放大原理图,假设开始时,镜面 M 的法线正好是水平的,则从光源发出的光线与镜面法线重合,并通过反射镜 M 反射到标尺 n_0 处。当金属丝伸长 ΔL,光杠杆镜架后夹脚随金属丝下落 ΔL,带动 M 转一 θ 角,镜面至 M′,法线也转过同一角度,根据光的反射定律,光线 On_0 和光线 On 的夹角为 2θ。

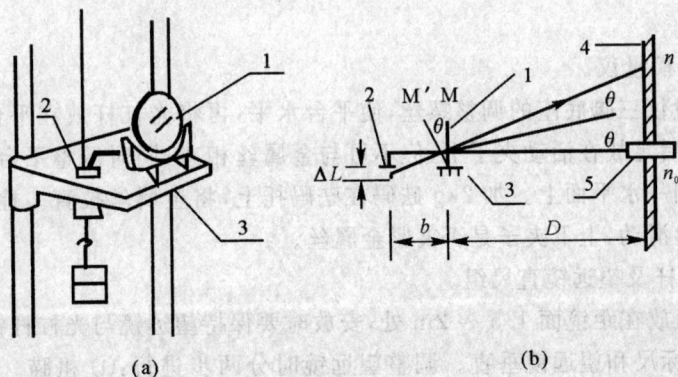

图 5.7.1　光杠杆原理及测量原理图

1—反射镜; 2—活动托台; 3—固定托台; 4—标尺; 5—光源

如果反射镜面到标尺的距离为 D,后尖脚到前两脚间连线的距离为 b,则有

$$\tan\theta = \frac{\Delta L}{b}; \quad \tan 2\theta = \frac{n-n_0}{D}$$

光杠杆是根据几何光学原理设计而成的一种灵敏度较高的,测量微小长度或角度变化的仪器。它的装置如图 5.7.1(a) 所示,是将一个可转动的平面镜 M 固定在一个"⊥"形架上构成的。

由于 θ 很小,所以 $\theta = \frac{\Delta L}{b}$；$2\theta = \frac{n-n_0}{D}$

消去 θ,得

$$\Delta L = \frac{(n-n_0)b}{2D} = \frac{b}{2D}\Delta n (n-n_0 = \Delta n) \tag{5.7.2}$$

由于伸长量 ΔL 是难测的微小长度,但当取 D 远大于 b 后,经光杠杆转换后的量 Δn 却是较大的量,$2D/b$ 决定了光杠杆的放大倍数。这就是光放大原理,它已被应用在很多精密测量仪器中。如灵敏电流计、冲击电流计、光谱仪、静电电压表等。

将(5.7.2)式代入(5.7.1)式得

$$Y = \frac{FL}{S\Delta L} = \frac{8FLD}{\pi d^2 b}\frac{1}{\Delta n} \tag{5.7.3}$$

本实验使钢丝伸长的力 F,是砝码作用在钢丝上的重力 mg,因此杨氏弹性模量的测量公式为

$$Y = \frac{8mgLD}{\pi d^2 b}\frac{1}{\Delta n} \tag{5.7.4}$$

式中,Δn 与 m 有对应关系,如果 m 是 1 个砝码的质量,Δn 应是荷重增(或减)1 个砝码所引起的光标偏移量;如果 Δn 是荷重增(或减)3 个砝码所引起的光标偏移量,m 就应是 3 个砝码的质量。

【实验仪器】

杨氏弹性模量测量仪、光杠杆、砝码、千分尺、钢卷尺、标尺、灯源等。

【实验内容与要求】

1. 仪器调节

(1) 调整杨氏模量仪。

调整杨氏模量仪三脚底座的调整螺丝,使平台水平,再将光杠杆放在平台上,两前足放在平台前的横槽内,后足放在活动夹子上,但不可与金属丝相碰,同时调整平台的上下位置使光杠杆三足尖位于同一水平面上。加 2kg 砝码在砝码托上,将金属丝拉直。检查夹子能否在平台的孔中上下自由滑动,上下夹子是否夹紧金属丝。

(2) 调节光杠杆及望远镜直尺组。

望远镜直尺组放在距镜面 1.5 ~ 2m 处,安放时要保持望远镜与光杠杆镜面的高度相等,望远镜应成水平,标尺和望远镜垂直。调整望远镜时分两步进行:① 粗瞄。先从望远镜筒上面的"缺口"和"准星"方向观察,看镜筒轴线的延长线是否通过光杠杆的镜面,直到沿镜筒上方能看到光杠杆内的尺子的象为止,若看不到,则可通过左右移动望远镜直尺组的三脚架并略微转动望远镜,保持镜筒的轴线对准光杠杆的镜面,光杠杆的镜面要保持垂直,直到沿镜筒上方能看到光杠杆镜内有标尺的像为止。② 精调。调节望远镜的目镜,对准十字叉丝进行聚

焦,使观察到的十字叉丝清晰,再调节望远镜的焦距,使能清楚地看到标尺的刻度。

2.测量

(1)逐次增加砝码,每加一个砝码记下相应的标尺读数 n_i,共加 6 次,然后再将砝码逐个取下,记录相应的读数 n'_i,直到测出 n'_0 为止。

(2)取同一负荷下标尺读数的平均值 $\bar{n}_0,\bar{n}_1,\bar{n}_2,\cdots,\bar{n}_5$,用逐差法求出钢丝荷重增减 3 个砝码时光标的平均偏移量 Δn。

(3)用钢卷尺测量上、下夹头间的钢丝长度 L,及反射镜到标尺的距离 D。

(4)将光杠杆反射镜架的三个足放在纸上,轻轻压一下,便得出三点的准确位置,然后在纸上将前面两足尖连起来,后足尖到这条连线的垂直距离便是 b。

(5)用千分尺测量钢丝直径 d,由于钢丝直径可能不均匀,按工程要求应在上、中、下各部进行测量。每个位置在相互垂直的方向各测一次。

(6)为了充分利用测量所得数据,发挥多次测量的作用,测得的数据用逐差法处理。

【数据记录与处理】

(1)测量钢丝的微小伸长量,记录如表 5.7.1 所示。

表 5.7.1 数据记录

序号 i	砝码质量 M/kg	光标示值 n_i/cm			光标偏移量 $\Delta n = (n_{i+3} - n_i)$/cm
		增荷时	减荷时	平均值	
0					
1					
2					
3					
4					$\overline{\Delta n} =$
5					

钢丝微小伸长量的放大量的测量结果为 $\Delta n =$ _____ cm。

(2)测量钢丝直径记录如表 5.7.2 所示。

表 5.7.2 数据记录

$d_0 =$ _____ mm

测量部位	上部		中部		下部		平均值
测量方向	纵向	横向	纵向	横向	纵向	横向	
d/mm							

测量结果 $d =$ _____ mm

(3)单次测 L,D,b 值:

$L =$ _____ m;

$D =$ _____ m;

$b =$ _____ m

(4) 将所得各量带入式(5.7.4),计算出金属丝的杨氏弹性模量,$Y =$ _____ N/m²

【注意事项】

(1) 光杠杆、望远镜和标尺一经调整好后,整个实验过程中,绝对不能再有任何变动,否则所测数据无效,实验应从头做起。

(2) 增、减砝码时,要轻放轻取,以防止因增减砝码时使平面反射镜后尖脚处产生微小振动而造成读数起伏。

【分析与思考】

1. 两根材料相同,但粗细、长度不同的金属丝,它们的杨氏弹性模量是否相同?

2. 光杠杆有什么优点? 怎样提高光杠杆的灵敏度?

实验 8　金属比热的测定

8.1　混合法测金属比热容

【实验目的】

(1) 学会最基本的测量热量的方法 —— 混合法;

(2) 测量金属的比热容;

(3) 学习热学实验中系统散热带来的误差的修正方法。

【实验仪器】

量热器,温度计(0 ～ 50℃,准确到 0.1℃),加热器,待测金属块,细线,物理天平,秒表,小量筒。

【实验原理】

温度不同的物体混合之后,热量从高温物体传给低温物体。若在混合过程中,与外界无热量交换,最后将达到一个稳定的平衡温度。这期间,高温物体放出的热量等于低温物体吸收的热量,此称为热平衡原理。将质量为 m_x,温度为 T_1,比热容为 c_x 的金属块,投入量热器内筒中(设其与搅拌器的热容量为 C_1)。量热器的内筒装入水的质量为 m_0,其比热容为 c_0,初温为 T_2,与金属块混合后的温度为 T_3,温度计插入水中部分的热容量设为 C_2。根据热平衡原理,列出平衡方程

$$m_x c_x (T_3 - T_1) = (m_0 c_0 + C_1 + C_2)(T_2 - T_3) \qquad (5.8.1)$$

由此可得金属块的比热容

$$c_x = \frac{(m_0 c_0 + C_1 + C_2)(T_2 - T_3)}{m_x (T_3 - T_1)} \qquad (5.8.2)$$

量热器和搅拌器多由相同物质制成,查表可求得其比热 C_1,并算出 $C_1 = m_1 c_1$,m_1 是量热

器的内筒和搅拌器的总质量;而 $C_2 = 1.9V J \cdot ℃^{-1}$,$V$ 是温度计插入水中的体积,单位是 cm^3。只要测出 m_0,m,T_1,T_2,T_3 的值,则可由式(5.8.2)求得待测金属块的比热容 c_x 值。

在上述混合过程中,实际上系统总要与外界交换热量,这就破坏了式(5.8.1)的成立条件。为消除影响,需要采用散热修正。本实验中热量散失的途径主要有三个方面。第一,若用先加热金属块投入量热器的混合法,则投入前有热量损失,且这部分热量不易修正,只能用尽量缩短投放时间来解决;第二,将室温的金属块投入盛有热水的量热器中,混合过程中量热器向外界散失热量,由此造成混合前水的温度与混合后水的温度不易测准。为此,绘制水的温-时曲线,根据牛顿冷却定律来修正温度。方法如下:若在实验中做出水的温-时曲线如图 5.8.1 所示,AB 段表示混合前量热器及水的冷却过程,BC 段表示混合过程,CD 段表示混合后冷却过程。通过 G 点作与时间轴垂直的一条直线交 AB、CD 的延长线于 E 和 F,使面积 BEG 与面积 CFG 相等,这样,E 和 F 点对应的温度就是热交换进行无限快的温度,即没有热量散失时混合前后的初温就是热交换进行无限快的温度,即没有热量散失时混合前后的温度;第三,量热器表面若由于水滴附着,会使其蒸发而散失较多的热量,这可在实验前使用干燥毛巾擦净量热器而避免。

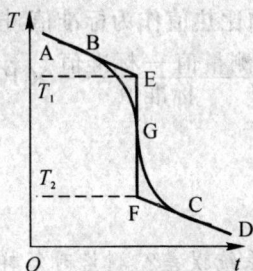

图 5.8.1　水温随时间变化曲线

【实验内容与要求】

待测金属块与水混合可有多种方法,本实验采用将室温的金属块投入盛有温水的量热器中的混合方法,其散热修正采用上述修正的方法。

(1)测出室温 T_1,测量待测金属块的质量 m_x;

(2)擦净量热器的内筒,称量它和搅拌器的质量 m_1,然后倒入高出室温 $20 \sim 30℃$ 的水,迅速将绝热盖盖好,插入温度计和搅拌器,不断搅动搅拌器,并启动秒表,每隔一分钟读一次温度数值,在混合前可测量读取数值 8 次(8min);

(3)把系有细线的金属块迅速投入量热器内,使其悬挂浸没在水中,盖好盖子,继续搅动搅拌器,开始每隔 15 秒记录一次温度,2 分钟后,每隔一分钟记录一次,共记录 8 次;

(4)取出量热器的内筒,称其总质量并减去 $m + m_1$,即为水的质量 m_0;

(5)小量筒测出温度计浸入水中的体积 V_0;另换温水,重复上述实验一次。

(6)实验时应注意:

1)本实验的误差主要来自温度的测量,因此在测量温度时要特别注意,读数迅速且要准确(准确到 $0.1℃$);

2)倒入量热器中的温水不要太少,必须使投入的金属块悬挂浸没在其中。

【数据记录与处理】

(1) 将实验中测出的各个数值填入表 5.8.1:

表 5.8.1　数据记录

前 8 分钟				中间 2 分钟				后 8 分钟			
次	$T/℃$	次	$T/℃$	次	$T/℃$	次	$T/℃$	次	$T/℃$	次	$T/℃$
m_0/kg		m/kg		m_1/kg		$C_0/(\text{J} \cdot \text{K}^{-1} \cdot ℃^{-1})$		$C_1/(\text{J} \cdot \text{K}^{-1} \cdot ℃^{-1})$		V/cm^3	

(2) 使用坐标纸,绘制温-时曲线,进行散热修正,确定 T_2,T_3 的数值。

(3) 将各个测量数值代入(5.8.2)式,求得 c_x,再根据重复实验值取平均值。

(4) 从附表中查出所用金属块的比热值作为标准值,按公式求出实验的相对误差。

$$E = \frac{测量值 - 标准值}{标准值} \times 100\%$$

【分析与思考】

1.混合法的理论根据是什么?

2.分析实验中哪些因素会引起系统误差? 测量时怎样才能减小实验误差?

3.若采用预先加热金属块投入低于室温的水中混合的方法,本实验应怎样设计和进行操作?

4.如果混合前金属块和水的温度都在变化,其初温怎样测量? 出现这种情况对实验有何影响? 应怎样避免?

【附录】　温度计

温度计由玻璃和水银制成,玻璃的比热为 $0.19\text{cal} \cdot \text{g}^{-1} \cdot ℃^{-1}$,密度为 $2.5\text{g} \cdot \text{cm}^{-3}$。水银的比热为 $0.033\text{cal} \cdot \text{g}^{-1} \cdot ℃^{-1}$,密度为 $13.6\text{g} \cdot \text{cm}^{-3}$,因而 1cm^3 玻璃的热容量为

$$0.19 \times 2.5 = 0.47(\text{cal} \cdot ℃^{-1})$$

这相当于 0.47g 水的热容量,称作水的当量热容。1cm^3 水银的热容量为

$$0.033 \times 13.6 = 0.45(\text{cal} \cdot ℃^{-1})$$

两者差别不大,取平均值为 $0.46\text{cal} \cdot ℃^{-1}$,若浸入水中温度计的体积为 $V\ \text{cm}^3$,则其水的当量热容为

$$C = 0.46V(\text{cal} \cdot ℃^{-1})$$

8.2　冷却法测金属比热容

由于物体间的热交换比较复杂,往往用纯理论方法无法解决,而用实验方法则比较容易解决。目前测量物质比热容的方法有冷却法、混合法、物态变化法(该测量方法有两种,即融冰法

和冷凝法)、电流量热法。不论用哪种方法,都必须遵循两条原则:一是保持系统为孤立系统,即系统与外界没有热交换;二是只有当系统达到热平衡时,温度的测量才有意义。严格达到上述两种原则基本上是不可能的,所以如何采取恰当的装置、测量方法和操作技巧,是做好这类实验的关键。

本实验采用冷却法测量金属铝和铁等金属材料的比热容。

【实验目的】

1. 了解冷却定律,并会利用冷却法测量金属的比热容;
2. 学习热学中的实验测量思想和方法。

【实验原理】

根据牛顿冷却定律,用冷却法测定金属的比热容是量热学中常用方法之一。若已知标准金属样品在不同温度时的比热容,通过冷却曲线可测量其他各种金属在不同温度时的比热容。本实验用冷却法测定金属(铜、铁、铝)在 100℃ 时的比热容。

热量传递一般通过传导、对流、辐射三种方式来进行。而对流又可以分为自然对流和强迫对流,前者主要是因为空间各处的温度不同和密度不同而引起高温物体周围流体的流动,由于高温物体表面附近的流体首先受热,通过流体的流动,将热量传给低温物体表面(或将热量分散到流体的其余部分去)。而强迫对流是通过气泵或风扇等强化作用来维持热流体的流动。

将质量为 M_1 的金属样品加热后,放在低温介质(例如室温的空气)中,样品将会以自然对流的方式冷却。单位时间内金属样品热量损失应与温度下降速率成正比(由于金属样品的直径和长度都很小,而导热性能又很好,所以可以认为样品各处的温度相同),于是可得到下面的关系式:

$$\frac{\Delta Q}{\Delta t} = c_1 M_1 \frac{\Delta \theta_1}{\Delta t} \tag{1}$$

式中,c_1 为金属样品在温度 θ_1 时的比热容,$\frac{\Delta \theta_1}{\Delta t}$ 为金属样品在温度 θ_1 时的温度下降速率。

根据冷却定律,高温物体因对流而损失的热量由下式表示:

$$\frac{\Delta Q}{\Delta t} = a_1 S_1 (\theta_1 - \theta_0)^a \tag{2}$$

式中,$\frac{\Delta Q}{\Delta t}$ 表示单位时间内,表面积为 S_1 的高温物体因对流而损失的热量,a_1 为热交换系数,S_1 为样品外表面的面积,α 为常数(自然对流时 $\alpha = 1$,强迫对流时 $\alpha = 5/4$),θ_1 为样品温度,θ_0 为周围介质(空气)的温度。

由式(1)和(2)可得

$$\frac{\Delta \theta_1}{\Delta t} = \frac{a_1 S_1}{c_1 M_1} (\theta_1 - \theta_0)^a \tag{3}$$

对质量为 M_2 比热容为 c_2 的另一种金属样品,则有同样的表达式:

$$\frac{\Delta \theta_2}{\Delta t} = \frac{a_2 S_2}{c_2 M_2} (\theta_2 - \theta_0)^a \tag{4}$$

(3)式和(4)式相除,得

$$\frac{\frac{\Delta\theta_1}{\Delta t}}{\frac{\Delta\theta_2}{\Delta t}} = \frac{a_1 S_1 c_2 M_2 (\theta_1 - \theta_0)^a}{a_2 S_2 c_1 M_1 (\theta_2 - \theta_0)^a} \tag{5}$$

如果两样品的形状与尺寸相同,即 $S_1 = S_2$;两样品的表面状况也相同,而周围介质(空气)的性质也不变,则有 $a_1 = a_2$。另外,当周围介质温度不变(即室内温度 θ_0 恒定),两样品又处于相同温度时,式(5)可以简化为

$$c_2 = c_1 \frac{M_1 \left(\frac{\Delta\theta}{\Delta t}\right)_1}{M_2 \left(\frac{\Delta\theta}{\Delta t}\right)_2} \tag{6}$$

$\left(\dfrac{\Delta\theta}{\Delta t}\right)_1$ 和 $\left(\dfrac{\Delta\theta}{\Delta t}\right)_2$ 分别为是第一种样品和第二种样品在温度 θ 时的冷却速率。若已知一种金属的比热容,由(6)式就可以求出待测样品在温度 θ 时的比热容。几种金属材料的比热容见表 5.8.2。

表 5.8.2　金属材料的比热容

100℃ 时三种金属的比热容($cal \cdot g^{-1} \cdot ℃^{-1}$)	C_{Fe}	C_{Al}	C_{Cu}
	0.110	0.230	0.094

【实验仪器】

金属比热容测量仪及加热实验装置。

【实验内容与要求】

1. 金属比热容测量

(1)用导线短接电压表电压输入(+)端和输入(一)端,对数字电压表进行调零。

(2)按图 5.8.2 连接线路,装于实验样品中热电偶的铜导线即热端,与电压表电压输入(+)相连,放于保温瓶中的热电偶铜导线即冷端,与电压表电压输入(一)相连,保温瓶内放冰水混合物,两热电偶的康铜线与康铜线相连接。

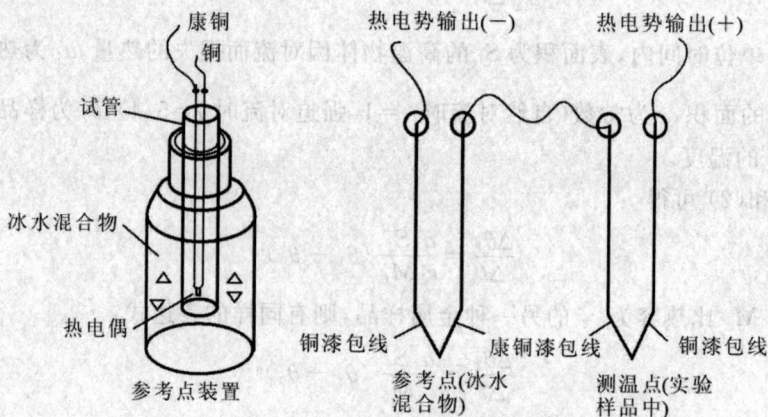

热电偶:铜—红色橡胶插或插座　康铜—黑色橡胶插头或插座

图 5.8.2　实验线路连接示意图

（3）将实验样品铜柱套于容器内热电偶上，并尽量使样品竖直放置，下降实验架，使加热烙铁完全套于实验样品上，合上加热电源开关，可见数字电压表电压示数逐渐上升，表明实验样品被加热。当数字表读数为 8.20 mV 即 200℃ 时，断开加热开关，上升实验支架（移去加热烙铁）并锁紧支架。给实验容器盖上有机玻璃盖，使样品继续安放在与外界基本隔绝的金属圆筒内自然冷却。

（4）记录实验样品温度由 102℃ 下降到 98℃ 所需要的时间 Δt_0。102℃ 时数字电压表读数为 4.37 mV；98℃ 时数字电压表读数为 4.18 mV。按计时秒表复位钮，作计时准备。随着实验样品的自然冷却，数字电压表读数逐渐下降，待下降至 4.37 mV（即 102℃），按秒表启动 / 停止钮，秒表开始计时，待数字电压表读数下降至 4.18 mV（即 98℃）按秒表启动 / 停止钮，数字秒表记录并保持实验样品由温度由 102℃ 下降到 98℃ 所需要的时间 Δt_0。

（5）重复上述实验过程，测量实验样品数据 4 次。

（6）把实验样品换成铁柱和铝柱样品，重复上述实验过程。

（7）待实验样品冷却后，用物理天平分别称出 3 种样品的质量，每种样品质量测三次，求平均值。根据 $M_{Cu} > M_{Fe} > M_{Al}$ 的特点加以区分。

（8）以铜为标准：$C_1 = C_{Cu} = 0.094$ cal/(g·℃)，可计算其他样品的比热容。

铁：
$$c_2 = c_1 \frac{M_1 (\Delta t)_2}{M_2 (\Delta t)_1} = \underline{\hspace{2cm}} \ \text{cal/(g·℃)}$$

铝：
$$c_3 = c_1 \frac{M_1 (\Delta t)_3}{M_3 (\Delta t)_1} = \underline{\hspace{2cm}} \ \text{cal/(g·℃)}$$

【注意事项】

1. 注意保护热电偶的冷热端，以避免其与水接触，并且不要用力拉扯其导线，导线易断。

2. 不要用试管用力压保温杯里的冰块，以免损坏试管。

3. 冷却时尽量关闭门窗和避免人员走动，实现自然冷却。

【分析与思考】

1. 测定金属比热容时必须遵循的原则是什么？

2. 本实验装置中热电偶经预先定标，假定冷端置于空气中，数字电压表为多少时，热端温度为 100℃？

实验 9　落球法测定液体黏滞系数

9.1　线性拟合法测黏滞系数

实际的流体如蓖麻油、甘油、各种型号的机油内部都存在着黏滞力，即使是空气、水、酒精等黏滞性的流体，在附面层以内，其黏滞力也不可忽视，如高速运动的飞行器在穿越或返回大气层时，溜冰运动员过高速滑行或急速旋转时。对处在流体中面积为 S 平板物体所受黏滞力为 $F = \eta S \dfrac{dv}{dz}$，对处在流体中半径为 r 低速运动的球形物体所受黏滞力为 $F = 6\pi r \eta v$，其中 η 为流体的黏滞系数。流体的黏滞系数 η 有流体的力学性质决定，温度对其大小影响较大，流体温度升高,黏滞系数变小,流体温度降低,黏滞系数增大。流体黏滞系数在研究流体力学性质,研究流体对物体运动的影响,在飞行器的设计、表面处理、润滑油的选择等方面有重要意义。

【实验目的】

(1)用斯托克公式测定液体的黏滞系数;

(2)学习实验数据处理方法 —— 线性拟合法。

【实验原理】

一半径为 r 的小球,以速度 v 在无限广延的液体(注:无限广延的液体是指无限大、无限深、稳定的液体,是理想化模型)中运动,当以速度较小(不产生涡旋)时,根据斯托克公式,它受到的黏滞阻力为 $F = 6\pi \eta r v$。需要说明力 F 并非小球表面和液体之间的摩擦力,而是附着在小球表面随小球一起运动的一层液体与相邻液体之间的内摩擦力,η 称为黏滞系数或内摩擦因数,它与小球的质料无关,仅取决于液体的种类和温度。

本实验中,使小球在被测液体中竖直下落,当下落速度增加到一定数值时,小球受到的黏滞力和液体的浮力与重力达到平衡,小球开始匀速下落。其速度(称为收尾速度)可以设法测得。

设小球质量为 m,体积为 V,液体密度为 ρ_0,当小球开始在液体中匀速下落时,显然有 $mg = 6\pi \eta r v + \rho_0 V g$,由此得

$$\eta = \frac{(m - \rho_0 V)}{6\pi r v} g \qquad (5.9.1)$$

具体运动时,小球质量 m 用密度 ρ 及体积 V 代替较为方便,而 V 则可由测量其直径 d 后算出。将小球的半径换 r 成换成直径 d 则式(5.9.1)可以写成为

$$\eta = \frac{(\rho - \rho_0) g d^2}{18 v} \qquad (5.9.2)$$

式(5.9.2)只有在无限广延的液体中才适用。

由式(5.9.2)可知,要测 η 关键是要测得 v,但是无限广延条件在实验室条件下无法实现,因此本实验是采用多管法如图 5.9.1,即用一组不同直径的管子,安装在同一水平底版上,每个管上的 A、B 两刻线均等,用 S 表示,上刻线 A 距液面有适当距离,以致当小球下落经过 A 线时,可以认为已在作匀速运动,依次测出同一小球通过管中二刻线 AB 间所需时间 t_1,若各管的直径用 D 表示,则大量是实验数据和用线形拟合进行数据表明 t 与 $1/D$ 成线形关系。t 为纵轴,d/D 为横轴,由实验数据作出直线,延长线与纵轴相交,其截距 t_0,t_0 即为 $D \to \infty$ 既在无限广延条件下,小球匀速下落 S 距离所需时间,所以无限广延条件下收尾速度为

$$v = S/t_0 \qquad (5.9.3)$$

ρ_0、g、ρ 由教师给出,即可求出 η。

【实验仪器】

黏滞系数测量装置(如图 5.9.1 所示)、温度计、钢丝一段、小球、秒表、卡尺、读数显微镜和磁铁等。

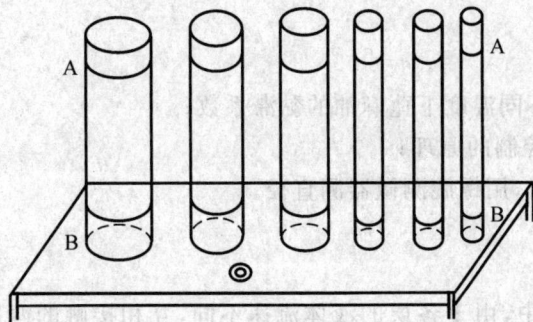

图 5.9.1　黏滞系数测量装置

【实验内容与要求】

(1)调节实验装置的底版,用水准气泡观测使其水准,以保证有机玻璃管中心轴处于铅直状态。

(2)用读数显微镜测量小球直径,在不同的方向测量 5 次,再取其平均值。

(3)用竹纤将小球细心地放入第一根管子液面中心处,用秒表测量并记录小球通过刻线 A,B 间的时间。

(4)用带有磁性的铁丝或钢丝将小球缓慢地从管中取出。

(5)重复步骤 3,每管测量 2 次。

(6)观察油温并作记录。

(7)用作图法求得 t_0,计算 v 和 η。

(8)以 t 为纵坐标,$1/D$ 为横坐标作图,用外推法求出 t_0,由(5.9.3)式和(5.9.2)式求出 η。

【分析与思考】

1.刻线可否放在近液面处? 为什么?

2.本实验为什么要记录液温?

3.实验中为何小球落到 A 处可认为小球做匀速运动?

9.2　变温液体黏滞系数测量

当液体内各部分之间有相对运动时,接触面之间存在内摩擦力,阻碍液体的相对运动,这种性质称为液体的黏滞性,液体的内摩擦力称为黏滞力。黏滞力的大小与接触面面积以及接触面处的速度梯度成正比,比例系数 η 称为黏度(或黏滞系数)。

对液体黏滞性的研究在流体力学、化学化工、医疗、水利等领域都有广泛的应用,例如在用管道输送液体时要根据输送液体的流量、压力差、输送距离及液体黏度,设计输送管道的口径。测量液体黏度可用落球法、毛细管法、转筒法等方法,其中落球法(又称斯托克斯法)适用于测量黏度较高的液体。黏度的大小取决于液体的性质与温度,温度升高,黏度将迅速减小。例如对于蓖麻油,在室温附近温度改变 1℃,黏度值改变约 10%。因此,测定液体在不同温度的黏度有很大的实际意义,欲准确测量液体的黏度,必须精确控制液体温度。本实验中用秒表来测量小球在液体中下落的时间。

【实验目的】

（1）用落球法测量不同温度下蓖麻油的黏滞系数；

（2）了解 PID 温度控制的原理；

（3）练习用停表计时，用螺旋测微器测直径。

【实验原理】

在稳定流动的液体中，由于各层的液体流速不同，互相接触的两层液体之间存在相互作用，快的一层给慢的一层以阻力，这一对力称为流体的内摩擦力或黏滞力。实验证明：若以液层垂直的方向作为 x 轴方向，则相邻两个流层之间的内摩擦力 f 与所取流层的面积 S 及流层间速度的空间变化率 $\dfrac{d_v}{d_x}$ 的乘积成正比：

$$f = \eta \frac{d_v}{d_x} S \tag{5.9.4}$$

其中 η 称为液体的黏滞系数，它决定液体的性质和温度。黏滞性随着温度升高而减小。如果液体是无限广延的，液体的黏滞性较大，小球的半径很小，且在运动时不产生旋涡。那么根据斯托克斯定律，小球受到的黏滞力 f 为

$$f = 6\pi\eta r v \tag{5.9.5}$$

式中，η 称为液体的黏滞系数，r 为小球半径，v 为小球运动的速度。若小球在无限广延的液体中下落，受到的黏滞力为 f，重力为 $\rho V g$，这里 V 为小球的体积，ρ 与 ρ_0 分别为小球和液体的密度，g 为重力加速度。小球开始下降时速度较小，相应的黏滞力也较小，小球作加速运动。随着速度的增加，黏滞力也增加，最后球的重力、浮力及黏滞力三力达到平衡，小球作匀速运动，此时的速度称为收尾速度。即为

$$\rho V g - \rho_0 V g - 6\pi\eta r v = 0 \tag{5.9.6}$$

小球的体积为：

$$V = \frac{4}{3}\pi r^3 = \frac{1}{6}\pi d^3 \tag{5.9.7}$$

把（5.9.6）式代入（5.9.5），得

$$\eta = \frac{(\rho - \rho_0)g d^3}{18 v} \tag{5.9.8}$$

式中，v 为小球的收尾速度，d 为小球的直径。

由于（5.9.4）式只适合无限广延的液体，在本实验中，小球是在直径为 D 的装有液体的圆柱形有机玻璃圆筒内运动，不是无限广延的液体，考虑到管壁对小球的影响，（5.9.8）式应修正为

$$\eta = \frac{(\rho - \rho_0)g d^2}{18 v_0\left(1 + K\dfrac{d}{D}\right)} \tag{5.9.9}$$

式中，v_0 为实验条件下的收尾速度，D 为量筒的内直径，K 为修正系数，这里取 $K = 2.4$。收尾速度 v_0 可以通过测量玻璃量筒外两个标号线 A 和 B 的距离 S 和小球经过 S 距离的时间 t 得到，即 $v_0 = \dfrac{S}{t}$。

【实验仪器】

变温液体黏滞系数测定仪、电子秒表、密度计、钢卷尺。

仪器介绍如下：

1. 落球法变温黏度测量仪

变温黏滞系数实验仪如图 5.9.2 和图 5.9.3 所示。待测液体装在细长的样品管中，样品管外面是密封的玻璃夹层（即加热水套），样品管外的加热水套连接到温控仪，温度控制器通过循环水泵，把热水不断送到玻璃夹层中，通过热循环水加热样品。使被测液体温度较快的与加热水温达到平衡。样品管壁上有刻度线和上、下标志线，便于测量小球下落的距离。底座下有调节螺钉，用于调节样品管的铅直。

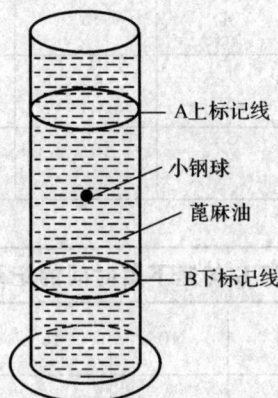

图 5.9.2　FB328B 型液体黏滞系数测定仪示意图　　图 5.9.3　FB328B 变温黏滞系数实验仪照片

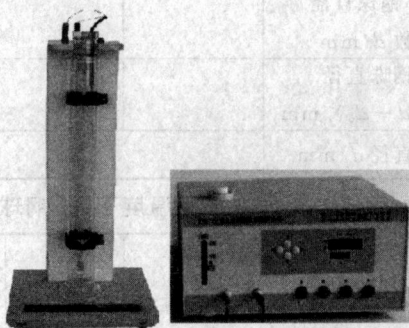

2. 开放式 PID 温控实验仪

温控实验仪包含水箱、水泵、加热器、控制及显示电路等部分。本温控实验仪内置微处理器，带有数字式显示，可以根据实验对象要求对 PID 参数进行设置，以满足实验需要。开机后，水泵开始运转，设定温度及 PID 参数。使用按 SET 键选择设置项目，按上调、下调键设置参数。详细设置方法，请参阅本实验的附录。

【实验内容与要求】

(1) 调节玻璃量筒，使其中心轴处于铅直位置。

(3) 用游标卡尺测量有机玻璃圆筒的内直径 D，用钢皮尺测量圆筒上标线 A，B 之间的距离。记下开始实验时的室温 T，测量此时的液体密度值。

(3) 用螺旋测微器测量小钢球的直径 d，共测 6 个钢球，并记下螺旋测微器的初读数 d_0，求出钢球直径平均值 $\bar{d}$，均填入表 5.9.1。

(4) 用镊子夹起小钢球，为了使其表面完全被所测的油浸润，先将小球在油中浸一下，然后放在玻璃圆筒中央，使小球沿圆筒轴线下落，观察小球在什么位置开始作匀速运动（收尾速度）。

(5) 把上标记线固定在小球开始进入匀速运动略低的位置，这样就可以进行正常测量。

(6) 当小球下落经过标记线 A 时，立即启动秒表，使秒表开始计时，当小球到达标记线 B 时，再按一下秒表，停止计时，于是秒表记录了小球从 A 下落到 B（即经过距离 S）所需的时间

t,把该数值记录到表 5.9.2 中。

(7) 重复(4)步骤,连续测量 3 个相同质量小球下落的时间。

(8) 改变温度设置值,重复以上步骤,一一填入表 5.9.3 中。

(9) 实验结束用钩子取出拾物筐中的小钢球,妥善安置。

数据记录参考以下内容:

量筒内直径 $D=$ ＿＿＿＿＿＿＿＿＿ A,B 间距离 $S=$ ＿＿＿＿＿＿＿＿＿

液体密度 $\rho_0=0.955\,0\ \dfrac{g}{cm^3}$ 钢珠的密度 $\rho=7.800\ \dfrac{g}{cm^3}$

室温 $T=$ ＿＿＿＿＿＿＿＿＿ 螺旋测微计初读数 $d_0=$ ＿＿＿＿＿＿＿＿＿

表 5.9.1　小钢球直径测量数据记录

项　　目 ＼ 实验次数	1	2	3	4	5	6
测小钢珠直径 读数 d/mm						
小钢珠直径 $d_i=(d-d_0)/mm$						
平均直径 $\bar d/mm$						

表 5.9.2　在不同温度下,小钢球从标记 A 到标记 B 匀速下落时间的记录

下落时间 ＼ 液体温度 /℃	室温	30	35	40	45	50
钢球 1/s						
钢球 2/s						
钢球 3/s						
对应温度时钢球下落 时间平均值 $\bar t_i/s$						
收尾速度 $v_0/(m\cdot s^{-1})$						

表 5.9.3　在不同温度下,测量液体的密度

液体密度 ＼ 液体温度 /℃	室温	30	35	40	45	50
$\rho_{0i}/(g\cdot cm^{-3})$						

将 $v_0=\dfrac{S}{t}$ 代入,得

$$\eta=\frac{(\rho-\rho_0)g\bar d^2\bar t}{18S\left(1+K\dfrac{D}{}\right)}\quad(K=2.4)\tag{5.9.7}$$

实验结果: $\eta=\bar\eta\pm\Delta\eta=$ ＿＿＿＿＿＿＿＿＿

重复以上步骤,对不同温度值的 ρ_0 和 v_0,计算 η 值。作 $\eta\sim t$ 关系曲线。

【分析与思考】

1.试分折选用不同的密度和不同半径的小球作此实验时,对实验结果有何影响?

2.在特定的液体中,当小球的半径减小时,它的收尾速度如何变化? 当小球的速度增加时,又将如何变化?

【附录】 PID 智能温度控制器

(1)该控制器是一种高性能、可靠性好的智能型调节仪表,广泛使用于机械化工、陶瓷、轻工、冶金、热处理等行业的温度、流量、压力、液位自动控制系统。控制器面板布置图见图5.9.4。

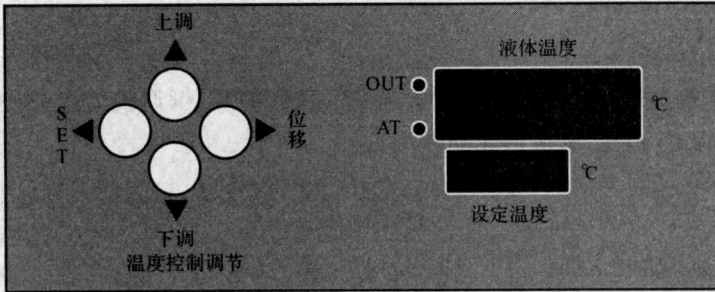

图 5.9.4　PID 温控器面板布置

(2)具体的温度设置步骤如下(出厂时设置温度为80℃,改设定温度为40℃):

1)先按一下"设定键 SET(◀)"约 0.5s。

2)按"位移键(▶)",选择需要调整的"位数",数字闪烁的位数即是当前可以进行调整操作的"位数"。

3)按"上调(▲)"或"下调(▼)"确定当前"位数值",接着按此办法调整,直到各位数值都满足温度设定要求。

4)再按一次"设定键 SET",退出设定工作程序。当实验中需改变温度设定,重复以上步骤即可。操作过程可按图 5.9.5 进行。

5)注意:在操作时按 SET 键时间应小于 2s。

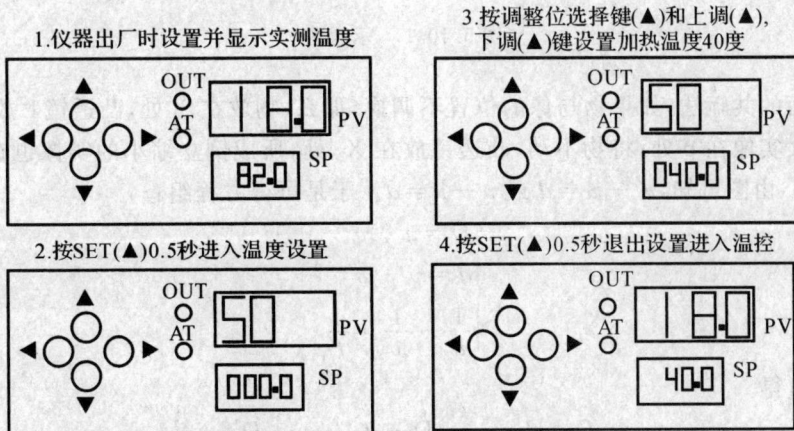

图 5.9.5　PID 温控器从正常温控状态设置温度控制值流程图

实验 10   薄透镜焦距的测定

【实验目的】

(1) 学会调节光学系统使之共轴;

(2) 掌握测量薄会聚透镜和发散透镜焦距的方法;

(3) 验证透镜成像公式,了解透镜成像公式的近似性。

【实验仪器】

光具座、底座及支架、薄凸透镜、薄凹透镜、平面镜、物屏(可调狭缝组、有透光箭头的铁皮屏或一字针组),像屏(白色,有散射光的作用)。

【实验原理】

1. 共轭法测量凸透镜焦距

利用凸透镜物、像共轭对称成像的性质测量凸透镜焦距的方法,叫共轭法。 所谓"物像共轭对称"是指物与像的位置可以互移,如图 5.10.1(a) 所示。其中(a) 图中处于物点 s_0 的物体 Q 经凸透镜 L 在像点 p 处成像 P,这时物距为 u,像距为 v。若把物点 s_0 移到图 5.10.1(a) 中 p 的点,那么该物体经同一凸透镜 L 成像于原来的物点,即像点 p 将移到图 5.10.1(a) 中的 s_0 点。于是,图 5.10.1(b) 中的物距 u' 和像距 v' 分别是图 5.10.1(a) 中的像距 v 和物距 u,即物距 $u'=v$,像距 $v'=u$。这就是"物像共轭对称"。设 $u+v=u'+v'=D$(物屏 Q 和像屏 P 之间的距离为 D)。

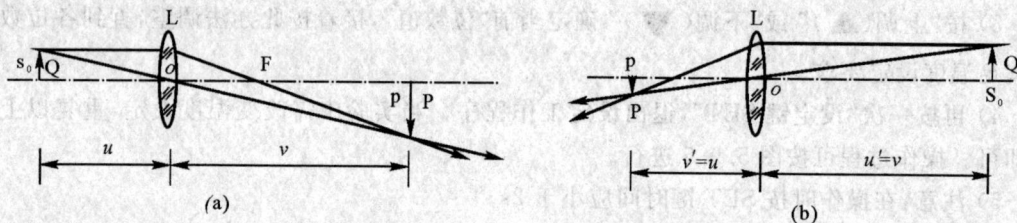

图 5.10.1   示意图

根据上面的共轭法,如果物与像的位置不调换,那么,物放在 S_0 处,凸透镜 L 放在 X_1 处,所成一倒立放大实像在 p 处;将物不动,凸透镜放在 X_2 处,所成倒立缩小的实像也在 p 处,如图 5.10.2 所示。由图可知,$u'-u=d$ 或 $v-u=d$。于是可得方程组:

$$\begin{cases} D=u+v \\ d=v-u \\ \dfrac{1}{u}+\dfrac{1}{v}=\dfrac{1}{f'} \end{cases}$$

解方程组得

$$v=\frac{D+d}{2}, \quad u=\frac{D-d}{2}, \quad f'=\frac{D^2-d^2}{4D} \tag{5.10.1}$$

该式是共轭法测量凸透镜焦距的公式。由于 f' 是通过移动透镜两次成像而求得的,所以,这种方法又称二次成像法。

另外,从方程组中消去 u,得

$$\frac{1}{D-v}+\frac{1}{v}=\frac{1}{f}, \quad v^2-Dv+Df=0, \quad v=\frac{D\pm\sqrt{D^2-4f'D}}{2}$$

当 v 有实根必须有

$$D^2-4fD \geqslant 0, \quad D \geqslant 4f' \tag{5.10.2}$$

即物屏与像屏之间的距离大于或最少等于四倍的焦距,物才能通过凸透镜二次成像。

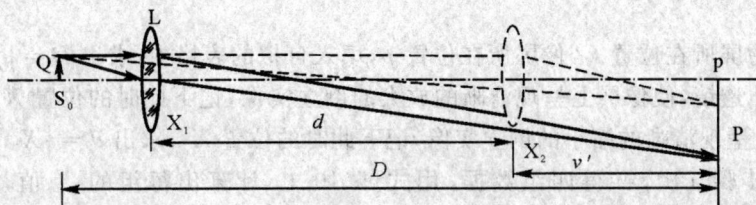

图 5.10.2　示意图

2. 自准直法测量凸透镜焦距

如图 5.10.3 所示,当以狭缝光源 P 作为物放在透镜 L 的第一焦平面上时,由 P 发出的光经透镜 L 后将形成平行光。如果在透镜后面放一个与透镜光轴垂直的平面反射镜 M,则平行光经 M 反射,将沿着原来的路线反方向进行,并成像在狭缝平面上。狭缝 P 与透镜 L 之间的距离,就是透镜的第二焦距 f'。这个方法是利用调节实验装置本身,使之产生平行光以达到调焦的目的,所以称自准直法。

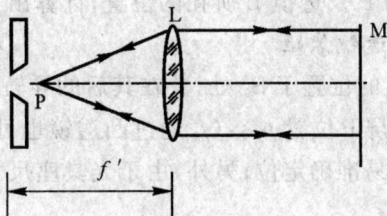

图 5.10.3　示意图

3. 用物距与像距法测量凹透镜焦距

由于对实物,凹透镜成虚像,所以直接测量凹透镜的物距、像距,难以两全。我们只能借助与凸透镜成一个倒立的实像作为凹透镜的虚物,虚物的位置可以测出。凹透镜能对虚物成实像,实像的位置可以测出。于是,就可以用高斯公式求出凹透镜的焦距 f,如图 5.10.4 所示。

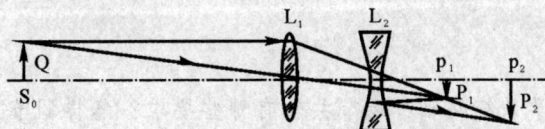

图 5.10.4　示意图

【实验内容与要求】

1. 共轭法测量凸透镜焦距

(1)粗调,将光具座上的光具靠拢,调节高低左右;光心中心大致在同一高度和一直线上。

(2)细调,用共轭原理进行调整,使物屏与像屏之间的距离 $D \geqslant 4f$,将凸透镜从物屏向像屏缓慢移动,若所成的大像与小像的中心重合,则等高共轴已调节好,若大像中心在小像中心的下方,说明凸透镜位置偏低,应将位置调高;反之,则将透镜调低;左右亦然。详见光学实验基础知识。

(3)读出物屏所在位置 s_0,像屏所在位置 p,填入自拟的表格中,求出 $D = |p - s_0|$。

(4)移动凸透镜,使像屏上呈现清晰的放大的倒立实像,记下此时的位置 X_1,继续移动凸透镜,使像屏上呈现清晰的缩小的倒立实像,记下此时的位置 X_2,求出 $d = |X_2 - X_1|$。

重复上述步骤五次,共得四组数据,用式(5.10.1)计算出每组的 f' 值,求出 f' 的平均值。

2. 自准直法测量凸透镜焦距

(1)按图 5.10.3 所示,在光具座上放置狭缝光源 P、平面镜 M,并使它们之间的距离比所测凸透镜的焦距大。在物屏 P 和平面镜 M 之间放上被测量的凸透镜 L。

(2)适当调节光路,使物屏 P 发出的光通过透镜 L 后,由平面镜 M 再反射回去,并再次通过透镜射向物屏 P。

(3)在光具座上,前后移动凸透镜,使物屏上产生倒立、等大、清晰的实像,当共轴很好时,物与像完全重合,用纸片遮住平面镜,清晰的像应该消失。记下凸透镜在导轨上的位置 l。

重复步骤(3)五次,记录物 P 及透镜 L 所在的位置,计算出 f' 的平均值。

3. 用物距与像距法测量凹透镜焦距

(1)按图 5.10.4 固定物屏的位置于 S_0 处,并在其后的导轨上放置一凸透镜 L_1,使像屏上成一倒立缩小的实像。记下像屏 P 位置 p_1。(s_0 通过凸透镜也可成一个倒立放大的实像,但所成的缩小实像亮度、清晰度高、易准确定位;另外,由于光具座尺寸的限制,所以,实验中只能成缩小的实像。)

(2)移动像屏的位置,重复(1)步骤五次,将测量 6 次所得的 p_1 位置填入自拟的表格中。

(3)在凸透镜 L_1 与像屏 P 之间放上凹透镜 L_2,L_2 的位置应靠近 p_1 一些,此时 P 上倒立缩小的实像可能模糊不清,可将像屏向后移动,直至在 p_2 处又出现清晰的像。重复找出 p_2,L_2 的位置六次,填入自拟的表中。

(4)利用高斯公式计算出凹透镜的焦距。(高斯公式具体用到这里 u,f 均为负值,若 $|u|$ 大,v 也大;$v = f,v \to \infty$)

【分析与思考】

1. 为什么要调节光学系统共轴?调节共轴有哪些要求?怎样调节?

2. 为什么实验中常用白屏作为成像的光屏?可否用黑屏、透明平玻璃、毛玻璃,为什么?

3. 为什么实物经会聚透镜两次成像时,必须使物体与像屏之间的距离 D 大于透镜焦距的 4 倍?实验中如果 D 选择不当,对 f' 的测量有何影响?

4. 在薄透镜成像的高斯公式中,u,v,f 在具体应用时其正、负号如何规定?

【附录】　补充知识

1. 有关"薄透镜"的部分术语

(1) 薄透镜:若透镜的厚度与其球面的曲率半径相比,小得可以忽略不计,则称为薄透镜。

(2) 主光轴:连接透镜两球面曲率中心的直线,称为透镜的主光轴。

(3) 光心:透镜主截面上的中心点,通过该点的光线,不改变原来的方向,称这点为光心。

(4) 副光轴:通过光心的任一直线称为薄透镜的副光轴。

(5) 主截面:能过光心而垂直于主光轴的平面称为透镜的主截面。

(6) 物空间:规定入射光束在其中进行的空间称为物空间。

(7) 像空间:折射光束在其中进行的空间称为像空间。

(8) 像焦点 F'(第二焦点):平行于光轴的光束,经透透折射后,会聚于主光轴上的一点称像点。

(9) 像焦距 f'(第二焦距):从透镜的光心到像焦点 F' 的距离称为薄透镜的焦距 f'。

(10) 物焦点(第一焦点):主光轴上发光点发出的光经薄透镜折射后成为一束平行光,此点称物焦点 F。

(11) 物焦距 f(第一焦点):从透镜光心 o 到 F 的距离称为薄透镜的物距。

(12) 副焦点:平行于任一副光轴的平行光,通过透镜后会聚于这副光轴上的一点,这一点称为副焦点。

(13) 焦平面:焦平面就是由许许多多副焦点的集合构成的平面;或定义为:过焦点而垂直于主光轴的平面,也称焦平面。

(14) 实像:自物点发出的光线经透镜折射后,实际汇聚于一点的像。

(15) 虚像:自物点发出的光线经透镜折射后,光线发散,而其光线的反向延长线汇聚一点的像。

(16) 实物:发散的入射光束的顶点,称实物。

(17) 虚物:汇聚的入射光束的顶点,称虚物。

(18) 光具组共轴:光源、像屏、透镜等各种光具,具有共同的主轴或它们的中心在主光轴上称之共轴。

2. 薄透镜成像公式

薄透镜成像公式有两种形式。一种叫高斯公式,其形式是 $\dfrac{1}{u}+\dfrac{1}{v}=\dfrac{1}{f}$。这个公式只适用于近轴光线的近似关系,以数学家高斯(Karl F. Gauss)的名字命名,静电学中的高斯定律也是这位科学家发现的。

实验 11　分光计的调整和使用

分光计是一种典型的精密光学仪器,可以精密测量光线的偏转角,常用来测量折射率、波长和色散率等。在通过焰色反应分辨化学元素的科学探索过程中,分光计曾经起到重要作用。

现代分光计功能多样,其调节和使用有一定的难度。因此,使用者必须首先了解仪器基本结构和测量原理,然后严格按调节方法和步骤进行操作。本实验主要是学习分光计的构造原理和调节方法,利用分光计测定三棱镜的折射率。

【实验目的】

(1)了解分光计的构造,学会分光计的调节原理;
(2)学会使用分光计测量角度的方法。

【实验原理】

分光计的基本结构:分光计的型号很多,但其基本结构却大致相同,主要由三脚底座、望远镜、载物平台、平行光管和读数圆盘五个部分组成,图5.11.1所示为它的全貌。

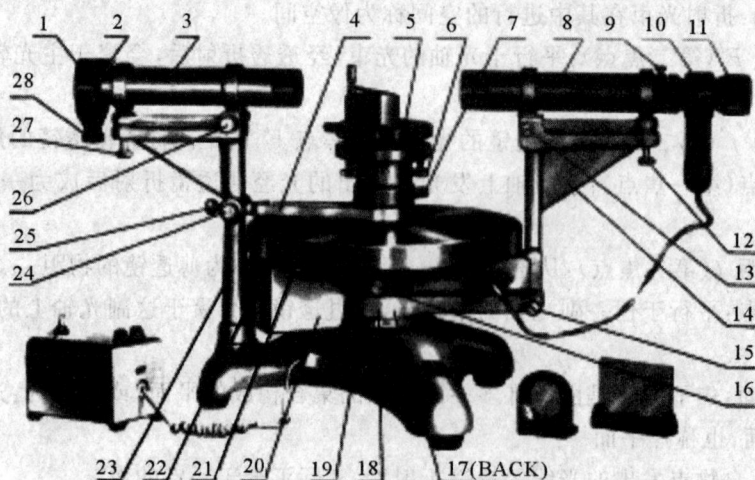

图 5.11.1　分光计的基本结构

1—狭缝装置;　2—狭缝装置锁紧螺钉;　3—平行光管部件;　4—制动架(二);　5—载物台
6—载物台调平螺钉(3只);　7—载物台锁紧螺钉;　8—望远镜部件;　9—阿贝目镜锁紧螺钉
10—阿贝式自准直目镜;　11—目镜视度调节手轮;　12—望远镜光轴高低调节螺钉
13—望远镜光轴水平调节螺钉;　14—支臂;　15—望远镜微调螺钉;　16—转座与度盘止动螺钉
17—望远镜止动螺钉;　18—制动架(一);　19—底座;　20—转座;　21—刻度盘;　22—游标盘
23—立柱;　24—游标盘微调螺钉;　25—游标盘止动螺钉;　26—平行光管光轴水平调节螺钉
27—平行光管光轴高低调节螺钉;　28—狭缝宽度调节手轮

底座中央固定竖直转轴,望远镜支臂转座、刻度圆盘、游标圆盘、载物台均可绕其转动。平行光管通过立柱和底座联结在一起,其镜筒的水平方向和俯仰角可以在约3°范围内调节。望远镜支臂转座与刻度圆盘之间可以通过止动螺钉⑯相对固定,绕分光计的竖直轴同步旋转。游标圆盘通过其制动架与平行光管立柱与底座联结,旋紧止动螺钉㉕后,约3°范围内的水平角度由游标盘转角微调螺钉㉔调节,大范围内相对固定。载物平台底座可以独立旋转,也可以与游标圆盘相对固定,同步旋转。载物平台的法线方向与其底座的轴线方向关系可以通过三个调节螺钉实现调节。下面说明分光计的几个关键部件。

（1）自准直望远镜：如图 5.11.2 所示，它由物镜、镜筒、叉丝分划板和目镜组成，分别装在可以沿轴线方向相对滑动的 A，B，C 三个套筒中。目镜由场镜和接目镜组成，通过旋转接目镜可以调节到分划板的距离。

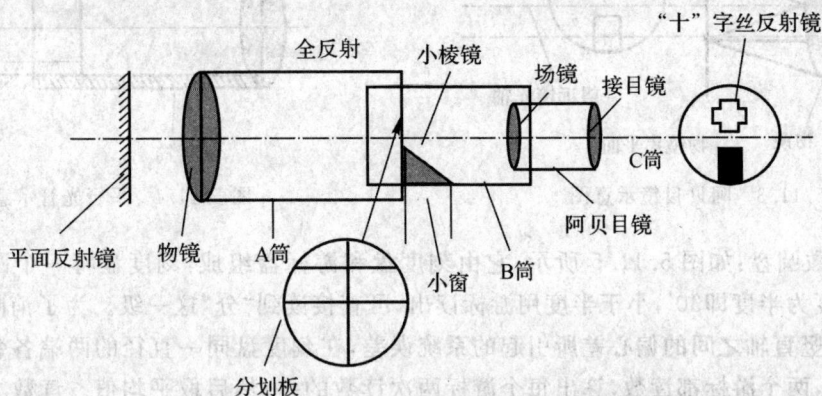

图 5.11.2　望远镜示意图

常用的目镜有高斯目镜和阿贝目镜两种，本实验使用阿贝目镜。它的特点是在刻有"十"形叉丝的分划板的下方装有一个小全反射三棱镜（三棱镜的三条棱相互平行，主截面是垂直于三棱镜三条棱的截面），全反射三棱镜的主截面是等腰直角三角形，此棱镜的一个直角面紧贴分划板，而且其面上刻有一个"十"形透光的散射叉丝，散射叉丝的其他区域镀有金属薄膜，不透光。在 B 筒上正对棱镜的另一直角面处开有小孔，绿色发光二极管发出的光可以由下方从小孔进入，经小三棱镜全反射后把"十"形叉丝照亮。如果叉丝平面正好处在物镜的焦面上，则从"十"形叉丝某一点散射的光经物镜后就形成一束平行光。若望远镜前方有一平面镜，将此平行光反射回来，再经物镜成像在它的焦平面上，那么从目镜中就可以同时看到"十"形黑色叉丝与"十"形叉丝的绿色反射像，且同时清晰，不应有视差。若有视差，两个叉丝就不在同一个平面上，眼睛相对于接目镜上下左右移动时，"十"形黑色叉丝与"十"形叉丝的绿色反射像会有相应的相对移动。这就是用自准直法调节望远镜适合观察平行光的原理。显然，要使两个像都清晰，分划板不仅要处在物镜的焦面上，也要通过目镜成的虚像在人眼睛的明视距处，即通过目镜观察时，看得最清楚。所以眼睛近视的人与视力正常的人调节的结果会有所不同，因为他们的明视距离不一样。

由图 5.11.3 可见，当望远镜的光轴与平面镜垂直时，目镜中的"十"形叉丝的像应与"十"形叉丝的像上交点重合，或者说"十"形叉丝的反射像与"十"字叉丝以分划板的中央横线为对称。且同时清晰，这种状态称为"自准直"状态。

（2）载物平台：用以放置辅助调节元件和测量样品，如三面镜、三棱镜、光栅等。平台下有三个调节螺钉，用来调节平台的高度和倾斜度。

（3）平行光管：如图 5.11.4 所示，平行光管由狭缝套筒、镜筒、复合透镜和锁紧螺钉组成，它通过立柱与底座固联。若前后移动狭缝套筒，使狭缝处于透镜的焦平面上时，则从狭缝每个点发出的光经透镜后就成为平行光，故称平行光管。

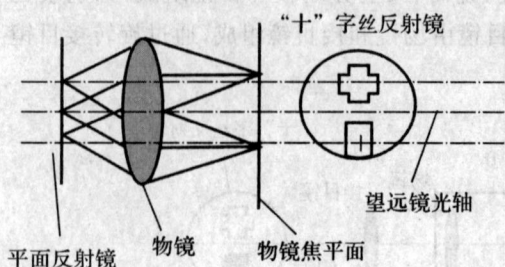

图 5.11.3 阿贝目镜示意图

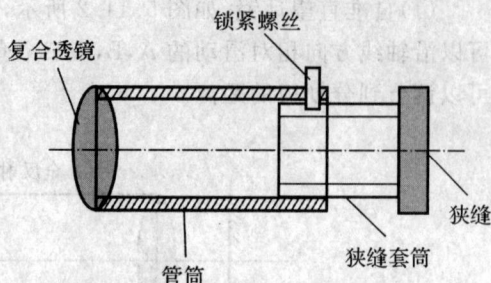

图 5.11.4 平行光管示意图

（4）读数圆盘：如图 5.11.5 所示，它由刻度盘和游标盘组成，刻度盘将一个圆周 720°等分，最小刻度为半度即 30′，小于半度用游标读出，可直接读到"分"这一级。为了消除刻度盘和分光计中心竖直轴之间的偏心差所引起的系统误差，在刻度盘同一直径的两端各装有一个游标。测量时，两个游标都读数，算出每个游标两次读数的差，然后取平均值。读数方法类似于游标卡尺。以游标的零刻度线为基准，读大圆盘上的读数，游标的读数为与主尺的某一条刻度线对齐的刻线的读数，最终读数为两者之和，即主尺读数加游标读数。

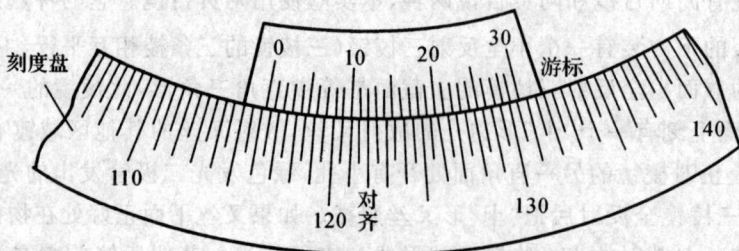

图 5.11.5 角游标

【实验仪器】

分光计、水准仪、三面镜、三棱镜、水银灯、综合电源。

【实验内容与要求】

一、分光计的调节

为了准确测量，必须首先调节分光计。要求是：①使望远镜聚焦于无穷远，分划板处于望远镜物镜的焦平面上，即适合观察平行光；②平行光管产生平行光；③望远镜和平行光管的光轴通过并垂直分光计的中心轴，且二者在同一水平面内；④载物台垂直仪器转轴。为达到上述目的，必须分步骤、按顺序进行调节，前一步调好是后一步调节的基础，否则后一步的调节没有意义。（分光计调节参考图 5.11.1）

1. 把分光计中心轴调到垂直方向

方法是：将气泡水平仪置于读数圆盘的游标盘㉒上，然后调节三角底座下的三个水平调节螺钉，使读数圆盘水平，这样就把分光计的中心轴调到垂直方向了，调节效果有赖于游标盘的加工精度和气泡水平仪的精度。

2. 目视初调

使望远镜、平行光管和载物台面大致垂直于分光计的中心轴,并且使望远镜和平行光管的光轴通过分光计转轴。若望远镜筒和平行光管外壁为圆柱面,气泡水平仪可以作为辅助调节工具。

方法是:调节望远镜的倾角螺丝⑫、平行光管的倾角螺丝㉗和载物台下的三个螺丝⑯,使三者都处于水平状态。然后放松望远镜支架转座的止动螺钉⑰,转动望远镜支架,使它对准平行光管。仔细调节望远镜和平行光管的水平移动螺丝④和⑬,使两者的轴在同一条直线上,并通过仪器转轴。

3. 调节望远镜使其聚焦于无穷远

在介绍望远镜时已经阐明,把"十"形分划板调到物镜的焦面上即可。方法是:

(1)点亮望远镜上的阿贝目镜光源(绿色发光二极管),通过棱镜的全反射,将"十"形叉丝照亮,转动目镜手轮借助螺纹改变目镜和"十"形叉丝的距离,直到看清楚"十"形黑色叉丝为止。(调整好后保持不动,否则需要从本步骤开始重复后面的所有调节步骤。)

(2)把三面镜按图 5.11.6 置于载物台上,让台下三个调节螺钉分别位于每一面镜下方的中间,或一个调节螺钉对准三面镜的一个棱。选三面镜中的任一面作为反射面对准望远镜,观察它反射的绿色"十"形叉丝像是否进入望远镜中。若没有,则缓慢转动载物台(须放松载物台的固定螺丝⑦),从望远镜的侧面捕捉平面镜中的绿色"十"形叉丝的反射光斑,然后调节该面下方载物台的对应螺丝,使绿色"十"形光斑进入望远镜视野之中。

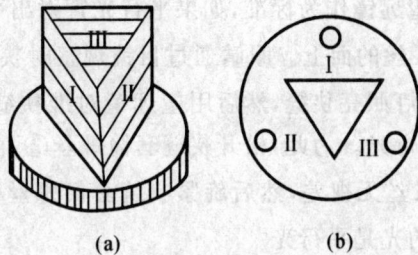

图 5.11.6

(3)放松阿贝目镜锁紧螺钉⑨,沿镜筒轴线方向前后移动阿贝目镜整体,以改变叉丝到物镜间的距离,直到从目镜中看到清晰的"十"形叉丝的反射像为止,重新旋紧螺丝⑨。当"十"形叉丝像与"十"形叉丝无视差时,说明望远镜已聚焦于无穷远。(调整好后保持不动,否则需要从本步骤开始重新调节。)

4. 调节望远镜光轴与分光计中心轴垂直

调节的辅助工具是三面镜,具有较高的加工精度,本实验忽略其加工误差。三面镜是一个直三棱柱,底面为正三角形的毛玻璃面,三个侧面是光学表面,并镀有金属反光膜。如果只旋转望远镜支臂转座或载物台,望远镜光轴同时与三面镜的三个侧面垂直,那么远镜光轴与分光计中心轴垂直,同时,载物台上表面与分光计中心轴垂直。为达到这个目的,需要调节望远镜光轴仰角调节螺钉⑫,使望远镜的光轴分别与三面镜的三个面同时垂直。为此,在第三步调节的基础上,放松载物台的固定螺丝⑦,转动载物台,使镜面Ⅰ,Ⅱ,Ⅲ依次正对望远镜。调节时,望远镜正对哪个面就调节该面下方的载物台对应螺丝或望远镜的倾斜螺丝达到自准直。反复多次，直到从镜面Ⅰ，Ⅱ，Ⅲ反射回望远镜筒的"十"形叉丝像都与"キ"形叉丝的上交点重合为止。此时，望远镜的光轴不仅与三面镜的中心轴垂直，而且还与分光计的竖直轴垂直。这一步完成时，还使载物台面严格垂直仪器转轴。

这时，调节中的难点是从望远镜中看不到绿色"十"形叉丝像，或者顾此失彼。解决的办法如下：

（1）重视目视初调，使望远镜的光轴基本与三面镜的三个面垂直，眼镜与分光计在同一高度，从仪器侧面仔细观察。

（2）采用镜外捕像法，头部保持端正，两只眼睛在同一高度上，两只眼睛同时睁开。一只眼睛从望远镜里面看，另一只眼睛从望远镜侧面向前看，当三面镜的一个侧面的法线通过两眼正中央时，望远镜侧面的那只眼睛可以看到三面镜的一个侧面反射的绿色"十"形叉丝的像。由于观看未经过望远镜，所以看起来很小，要是绿色"十"形叉丝像与"キ"形叉丝的中央水平线的高度一致时，当三面镜的一个侧面的法线转到望远镜轴线方向时，在望远镜里应当能够看到绿色"十"形叉丝的像。

（3）首先只旋转载物台，从望远镜都可以看到三面镜的三个侧面发射的绿色"十"形叉丝的像，当反射像进入望远镜中后，采用各半调节法（渐近法），即载物台螺丝和望远镜螺丝各调节一半进行偏差修正的方法。

5. 调节平行光管

（1）调节平行光管使产生平行光。

用已聚焦于无穷远处的望远镜作为标准，如果平行光管射出平行光，则狭缝成像在望远镜物镜的焦平面上，即"キ"形叉丝的面上。眼睛通过目镜观察时狭缝的像最清楚。

调节方法是：开启低压汞灯照亮狭缝，然后用望远镜对准狭缝的像，若看到是模糊的狭缝像，说明平光管出射的不是平行光。为此，松开狭缝套筒螺丝②，前后移动狭缝套筒，直到看到清楚狭缝的像，且与"キ"形叉丝无视差，然后旋紧狭缝套筒螺丝②，此时，狭缝已位于透镜的焦平面上。即平行光管出射的光是平行光。

（2）使平行光管的光轴与分光计的中心轴垂直。

仍以调好的望远镜光轴为标准，只要平行光管光轴与望远镜光轴平行，则平行光管的光轴必定与仪器转轴垂直，为此，调节平行光管的倾角螺丝，使狭缝像的中点与"キ"形叉丝中部交点相重合，这时平行光管的光轴与望远镜的光轴就在同一平面内，并且与分光计中心轴垂直。另一种方法是，将狭缝旋转90度，调节平行光管的倾角螺丝㉗，使狭缝的像与中央水平叉丝重合，然后再转为竖直方向。

二、三棱镜顶角的测量

1. 方法一

采用平行光反射法测定三棱镜顶角，光路如图5.11.7所示。将三棱镜放在载物台上，并使顶角对准平行光管，从平行光管射出的平行光同时照射在三棱镜的两个光学表面上，被反射。测量两束反射线所成的夹角 Φ，根据几何关系，顶角为 $\alpha = \dfrac{\Phi}{2}$。

测量时，转动望远镜支臂转座，令三棱镜的左侧光学表面反射的光线进入望远镜，锁紧望远镜支臂止动螺钉⑰,调节望远镜转角微调螺钉⑮,使目镜中的"十"形叉丝对准左边的反射线 a,读出游标 1,2 的读数 Φ_1,Φ_2;松开望远镜支臂止动螺钉⑰,转动望远镜支臂转座,令三棱镜的右侧光学表面反射的光线进入望远镜,锁紧望远镜支臂止动螺钉⑰,调节望远镜转角微调螺钉⑮,使目镜中的"十"形叉丝对准右边的反射线 b,同样游标 1,2 的读数 Φ_1',Φ_2',则:$\alpha=$

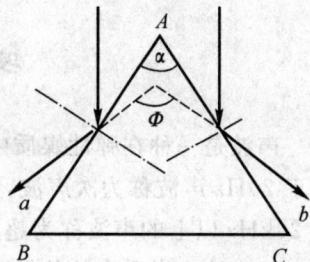

图 5.11.7　三棱镜顶角的测量

$\dfrac{\Phi}{2}=\dfrac{1}{4}\left[(\Phi_1'-\Phi_1)+(\Phi_2'-\Phi_2)\right]$,稍微变动棱镜的位置,重复测量一次,求出顶角平均值。

由于平行光管口径较小,出射平行光的直径约 2cm,玻璃表面没有镀膜,反射率约 12%,狭缝的像亮度较低,在有环境杂散光的干扰下,不容易找到狭缝的像,发射光线没有色散,若能看到狭缝的像,应当是汞灯的白色。注意三棱镜在载物平台上的放置位置,三棱镜的棱接近载物台中央,而不是三棱镜的中心在载物台中央,如图 5.11.8 所示,如果放置位置不对,通过望远镜从左右两侧看不到狭缝的像。

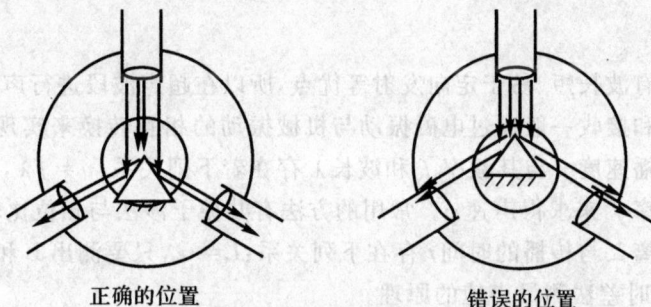

正确的位置　　　　　　　　　　错误的位置

图 5.11.8　三棱镜位置对比示意图

2.方法二

如图 5.11.8 放置三棱镜,打开阿贝目镜光源,望远镜从三棱镜的两个光学表面正对的方向寻找被三棱镜光学表面反射得到的绿色"十"字像,并且通过旋转望远镜支架令"十"形叉丝的竖直线与绿色"十"字像的竖直线重合,从左右两个游标分别读数,望远镜正对三棱镜的两个光学表面的方向之夹角与三棱镜顶角互为补角,即 $\alpha+\varphi=180°$。

【注意事项】

(1)分光计是精密而贵重的仪器,使用时应爱护。不能在锁紧螺丝未放松时强行转动。

(2)对三面镜和三棱镜要轻拿轻放,持棱角或毛玻璃的底面,不能触摸光学面。

(3)不要随意调节狭缝宽度,调节应在望远镜的目镜中观看下调节。

【分析与思考】

1.分光计由哪几个主要部分组成? 它们的作用是什么?

2.分光计的调节有几个步骤? 每一步要达到什么要求? 调节要点是什么?

实验 12　超声波波速测量

声波是一种在弹性媒质中传播的机械波,它是纵波,其振动方向与传播方向相一致。频率低于 20Hz 声波称为次声波,频率在 20Hz～20kHz 的声波可以被人听到,称为可闻声波,频率在 20kHz 以上的声波称为超声波。

超声波在媒质中的传播速度与媒质的特性及状态等因素有关。因而通过媒质中声速的测定,可以了解媒质的特性或状态变化。例如,测量氯气、蔗糖等气体或溶液的浓度及输油管中不同油品的分界面等等,这些问题都可以通过测定这些物质中的声速来解决;另外,声速测量在声速定位、探伤、测距等应用中都具有重要的意义。

【实验目的】

(1)了解压电换能器的功能,加深对驻波及振动合成等理论知识的理解;

(2)学会用共振干涉法、相位比较法或时差法测定超声波声速的实验原理。

【实验原理】

由于超声波具有波长短、易于定向发射等优点,所以在超声波段进行声速测量是比较方便的。超声波的发射和接收一般通过电磁振动与机械振动的相互转换来实现,常用的是利用压电效应。声波的传播速度 v 与其频率 f 和波长 λ 存在着下列关系:$v = f\lambda$,实验中可通过测定声波的波长 λ 和频率 f 来求得声速 v。常用的方法有共振干涉法与相位比较法。

声波传播的距离 L 与传播的时间 t 存在下列关系:$L = vt$,只要测出 L 和 t 就可测出声波传播的速度 v,这就是时差法测量声速的原理。

实验采用压电陶瓷超声换能器来实现声压和电压之间的转换。压电换能器做波源具有平面性、单色性好以及方向性强的特点。同时,由于频率在超声范围内,一般的音频对它没有干扰。频率提高,波长 λ 就短,在不长的距离中可测到许多个 λ,取其平均值,λ 的测定就比较准确。这些都可使实验的精度大大提高。压电换能器的结构示意图见图 5.12.1。

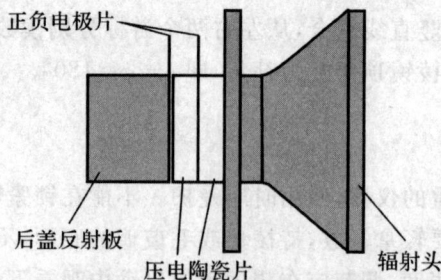

图 5.12.1　压电换能器结构示意图

压电换能器由压电陶瓷片(轻、重两种金属)及电极片、辐射头等组成。压电陶瓷片(如钛酸钡,锆钛酸铅等)是一种多晶结构的压电材料做成,在一定的温度下经极化处理后,具有压电效应。在简单情况下,压电材料受到与极化方向一致的应力 T 时,在极化方向上产生一定的电场强度 E,它们之间有一简单的线性关系 $E = gT$;反之,当与极化方向一致的外加电压 U

加在压电材料上时,材料的伸缩形变 S 与电压 U 也有线性关系 $S = dU$。比例常数 g, d 称为压电常数,与材料性质有关。由于 E, T, S, U 之间具有简单的线性关系,因此我们可以将正弦交流电信号转变成压电材料纵向长度的伸缩,成为声波的声源,同样也可以使声压变化转变为电压的变化,用来接收声信号。在压电陶瓷片的头尾两端胶黏两块金属,组成夹心形振子。头部用轻金属做成喇叭型,尾部用重金属做成柱型,中部为压电陶瓷圆环,紧固螺钉穿过环中心。这种结构增大了辐射面积,增强了振子与介质的耦合作用,由于振子是以纵向长度的伸缩直接影响头部轻金属作同样的纵向长度伸缩(对尾部重金属作用小),这样所发射的波方向性强,平面性好。

1. 共振干涉法

实验装置如图 5.12.2 所示,图中 S_1 和 S_2 为压电陶瓷超声换能器,S_1 作为超声波源(发射头),信号发生器发出的正弦电压信号输入换能器 S_1 后,即发出一平面声波。S_2 作为超声波的接收头,接收的声压转换成电信号后输入到示波器观察,S_2 在接收超声波的同时还反射一部分超声波。这样,由 S_1 发出的超声波和由 S_2 反射的超声波在 S_1, S_2 之间的区域相互干涉,改变 S_1, S_2 之间的距离,当满足下述条件时:

$$L = n\frac{\lambda}{2} + \Delta, \quad n = 1, 2, 3, \cdots, \quad \Delta \leqslant \lambda$$

干涉区域形成稳定的驻波,在声波驻波中,波腹处声压最小,波节处声压最大,接收器的反射界面处为波节,当接收器 S_2 接收到的声压是极大值时,经接收器转换成的电信号也是极大值。连续改变 S_1 和 S_2 之间的距离,可以看到示波器上显示的信号幅度发生周期性的大小变化,幅度每一次周期性的变化,就相当于 S_1, S_2 之间的距离改变了 $\frac{\lambda}{2}$ 波长,S_1, S_2 之间距离的改变由游标尺测得,超声波频率 f 可直接由信号发生器读出,这样就可计算出声速 v。

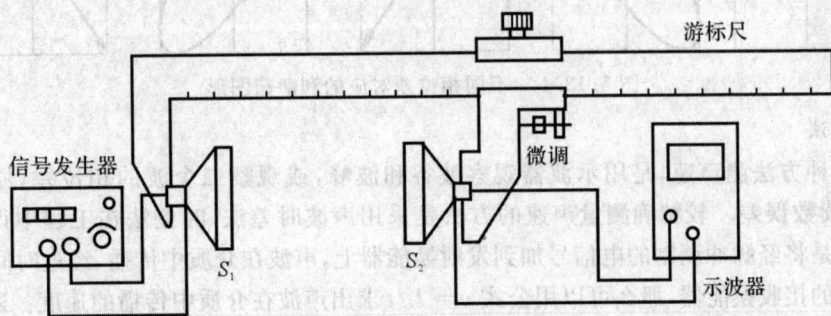

图 5.12.2　共振干涉法实验装置

2. 相位比较法

波是振动状态的传播,也可以说是相位的传播。沿波传播方向上的任何一点,当其相位与波源的相位差为 2π 的整数倍时,这点到波源的距离就是波长的整数倍。利用这个原理,可以精确地测量波长。实验装置如图 5.12.3 所示,从 S_1 发出的超声波通过媒质达到接收头 S_2,在发射波和接收波之间产生相位差,此相位差 Φ 由下式决定:

$$\Phi = 2\pi\frac{L}{\lambda}$$

要使相位差改变 2π,那么,S_1 和 S_2 之间距 L 就要相应地改变一个波长 λ,于是根据相位差的 2π

变化,便可测量出波长来。

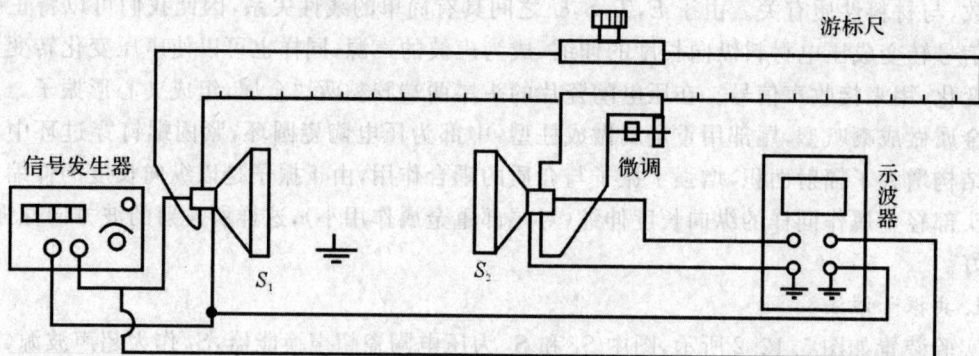

图 5.12.3　相位比较法实验装置

判断相位差可以利用利萨茹图形,由于输入示波器的是两个严格一致的频率,则利萨茹图形很简单,随着两个振动的相位差从 0 到 2π 变化,图形从斜率为正的直线变为椭圆,最后又变为原来的直线,如图 5.12.4 所示。

选择判断比较灵敏的亦即利萨茹图形为直线的位置作为测量的起点,S_2 每移动一个波长的距离就会重复出现同样斜率的直线。

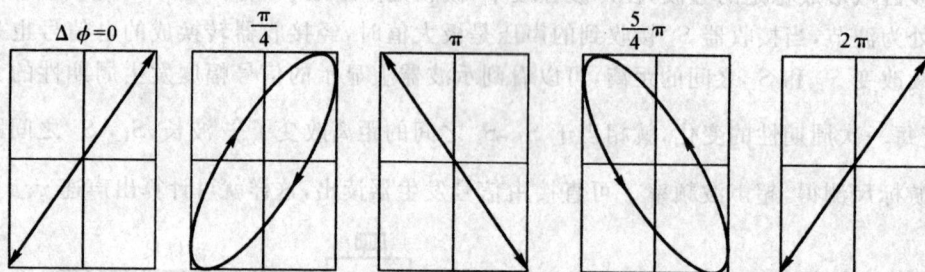

图 5.12.4　不同相位差对应的利萨茹图形

3.时差法

以上两种方法测声速,是用示波器观察波谷和波峰,或观察二个波的相位差,原理是正确的,但存在读数误差。较精确测量声速的方法是采用声波时差法,时差法在工程中得到了广泛的应用。它是将经脉冲调制的电信号加到发射换能器上,声波在介质中传播,经过时间 t 后,到达距离为 L 处的接收换能器,那么可以用公式 $v = L/t$ 求出声波在介质中传播的速度。通过测量二换能器发射接收平面之间距离 L 和时间 t ,就可以计算出当前介质下的声波传播速度。

【实验仪器】

超声声速测定仪、信号源、示波器。

【实验内容与要求】

一、共振干涉法测量声速

1.调整仪器

(1) 按图 5.12.2 接线(注意,红色接信号,黑色接地)。

（2）调整发射换能器固定卡环上的紧固螺丝，使其平面和卡尺游标滑动方向相垂直，将接收器移向发射换能器，使两平面严格平行。

（3）调节谐振频率。将信号发生器输出的正弦信号频率调节到换能器的谐振频率，以使换能器发射出较强的超声波，方法是先调节两换能器金属端面的间距为 $1 \sim 2$ cm，调节信号发生器输出的正弦信号频率，使示波器上显示的正弦信号振幅最大，当发射端换能器发生共振时，发射端换能器共振指示灯亮，然后，移动接收换能器，使示波器显示的正弦波振幅最大，再次调节正弦信号频率，直至示波器显示的正弦波振幅达到最大值（谐振时换能器指示灯亮）。记录下此时的频率 f_0，并锁定此频率，同时记录下当时的环境温度 t。

2. 波长 λ 的测量

由近及远或由远及近地移动 S_2，利用游标尺上的细调螺丝找到第 $1,2,3,\cdots 20$ 个出现正波振幅最大时 S_2 的特定位置 $X_1, X_2, X_3 \cdots X_{20}$，注意利用游标尺上的细调螺丝准确地测定这些 X 值，测试过程中应注意保持换能器发射面与接收器接收面的平行。

3. 声速的测量

用逐差法算出的声速为 $v = f_0 \overline{\lambda_0}$，同时用 $v = 331.45 \sqrt{1 + \dfrac{t}{237.16}}$（m/s）算出 v 的理论值，最后计算相对误差。

二、相位比较法测量声速

按图 5.12.3 接线，仪器的调整同共振干涉法，由近及远移动接收器 S_2。依次记下利萨茹图形为同一方向斜直线时游标卡尺上的读数，连续测量 20 个数据。相位法测声速的实验效据记录表格及处理同共振法类似。

三、时差法测量声速

1. 空气介质

测量空气声速时，将专用信号源上"声速传播介质"置于"空气"位置，发射换能器（带有转轴）用紧定螺钉固定，然后将话筒插头插入接线盒中的插座中。

将测试方法设置到脉冲波方式。将 S_1 和 S_2 之间的距离调到一定距离（$\geqslant 50$ mm）。开启数显表头电源，并置 0，再调节接收增益，使示波器上显示的接收波信号幅度在 $300 \sim 400$ mV 左右（峰-峰值），以使计时器工作在最佳状态。然后记录此时的距离值和显示的时间值 $L_i - 1, t_i - 1$（时间由声速测试仪信号源时间显示窗口直接读出）；移动 S_2，记录下这时的距离值和显示的时间值 L_i, t_i。则声速 $v_1 = (L_i - L_i - 1)(t_i - t_i - 1)$。记录介质温度 t（℃）。

需要说明的是，由于声波的衰减，移动换能器使测量距离变大（这时时间也变大）时，如果测量时间值出现跳变，则应顺时针方向微调"接收放大"旋钮，以补偿信号的衰减；反之测量距离变小时，如果测量时间值出现跳变，则应逆时针方向微调"接收放大"旋钮，以使计时器能正确计时。

2. 液体介质

当使用液体为介质测试声速时，先小心将金属测试架从储液槽中取出，取出时应用手指稍稍抵住储液槽，再向上取出金属测试架。然后向储液槽注入液体，直至液面线处，但不要超过液面线。注意：在注入液体时，不能将液体淋在数显表头上。然后将金属测试架装回储液槽。

专用信号源上"声速传播介质"置于"液体"位置,换能器的连接线接至测试架上的"液体"专用插座上,即可进行测试,步骤与 1 相同。记录介质温度 $t(℃)$。

3. 固体介质(只适合用时差法测量)

测量非金属(有机玻璃棒)、金属(黄铜棒)固体介质时,可按以下步骤进行实验:

(1) 将专用信号源上的"测试方法"置于"脉冲波"位置,"声速传播介质"按测试材质的不同,置于"非金属"或"金属"位置。

(2) 先拔出发射换能器尾部的连接插头,再将待测的测试棒的一端面小螺柱旋入接收换能器中心螺孔内,再将另一端面的小螺柱旋入能旋转的发射换能器上,使固体棒的两端面与两换能器的平面可靠、紧密接触,注意:旋紧时,应用力均匀,不要用力过猛,以免损坏螺纹,拧紧程度要求两只换能器端面与被测棒两端紧密接触即可。调换测试棒时,应先拔出发射换能器尾部的连接插头,然后旋出发射换能器的一端,再旋出接收换能器的一端。

(3) 把发射换能器尾部的连接插头插入接线盒的插座中,即可开始测量。

(4) 记录信号源的时间读数,单位为 μs。测试棒的长度可用游标卡尺测量得到并记录。

(5) 用以上方法调换第二长度及第三长度被测棒,重新测量并记录数据。

用逐差法处理数据,根据不同被测棒的长度差和测得的时间差计算出被测棒的声速。

【注意事项】

(1) 使用时,应避免声速测试仪信号源的功率输出端短路。

(2) 严禁将液体(水)滴到数显尺杆和数显表头内,如果不慎将液体(水)滴到数显尺杆和数显表头上,请用 60℃ 以下的温度将其烘干,即可使用。

(3) 数显表头与数显杆尺的配合极其精密,应避免剧烈的撞击和重压。

(4) 测试架体带有有机玻璃,容易破碎,使用时应谨慎,以防止发生意外。

(5) 数显尺用后应关闭电源。

【分析与思考】

1. 声速测量中共振干涉法、相位法、时差法有何异同?

2. 声音在不同介质中传播有何区别?声速为什么会不同?

实验 13 用电流场模拟静电场

一个带电体在其周围空间产生的电场分布,通常用电场强度 E 或电位 U 的空间分布来描述。当带电体的形状、位置、数目及各自的电位给定后,可以用解析法、数值计算法或实验法来求解 E 和 U 的分布。然而,除少数几何形状对称且十分简单的电极系统外,一般均不能算出 E 和 U 的分布,因此会往往借助于实验的方法,但是直接测量静电场会遇到很大的困难,一是测量设备复杂,二是测量时当探针插入静电场后,探针上会产生感应电荷,这些电荷又产生电场,使原来的电场产生畸变。所以,通常采用以电流场模拟静电场的方法间接达到测量静电场的目的,这种实验方法称为"模拟法"。

【实验目的】

（1）了解用模拟法测绘静电场的原理和方法；

（2）了解正确模拟静电场的实验条件。

【实验原理】

　　静电场是静止电荷周围的一种特殊物质。在静电场的研究中以及电子在静电场中运动规律的研究中，常常需要了解带电体周围空间的电场分布情况。由于静电场中不存在电荷的运动，而有电流才有指示的磁电式仪表就无法进行直接测量。若仪器和测量探头进入静电场，必将引起电场分布的改变。所以要直接对静电场进行测量是十分困难的，而采用"模拟法"进行间接测量是非常有效的一种方法。

　　通常模拟场一定要易于实验，并比原场便于测量。此外模拟场还应具备三个条件：与原场有一一对应的物理量；对应物理量满足相同形式的数学方程；具有形成相同的边值条件。总之如果两种物理状态或过程可以转换成相同的数学语言表达，则二者原则上就可以互相模拟。

　　为了模拟真空或空气中的静电场分布，必须满足以下条件：

　　（1）产生静电场的带电体形状和分布与稳恒电流场的电极形状和分布必须完全相同。

　　（2）静电场中带电体表面是一等势面，要求稳恒电流场中的电极表面也是一等势面。这只有在电极的电导率远大于导电介质的电导率时，才能成立。所以，导电介质的电导率不宜过大。

　　（3）静电场中的介质相应于稳恒电流中的导电介质。如果研究的是真空（或空气）中的静电场，相应的稳恒电流场必须是均匀分布的导电介质中的场。若模拟垂直于柱面的，每一个平面内电场分布都相同的场，还要求导电介质的电导率远大于空气的电导率。

　　实验中电极系统常选用金属材料，导电介质可选用水、导电纸或导电玻璃等。若满足上述模拟条件，则稳恒电流场中导电介质内部的电流场和静电场具有相同的电势分布规律。

　　水的电导率非常均匀，且可以方便地与电极接触良好，所以精确的测量数据目前还是以水作为电介质测出的，故本实验采用水作为电介质。实验中盛水的水槽称为电解槽。根据槽内水深与电极尺寸大小的比较有"深槽"和"浅槽"之分。"深槽"一般用来模拟三维空间的静电场，而"浅槽"则多用来模拟二维平面的电场分布。

　　我们知道，带电体周围的电场分布通常是三维空间的，但当电场的分布具有某种对称性时，只要清楚某一个二维平面上的电场分布，即可知其三维空间的电场分布。如长直同轴电缆内的电场、长平行输电线间的电场等，这些场的特点是除靠近端部的区域外，在垂直于导线的任一平面内电场分布都是相同的。所以只要模拟测量出垂直于导线的二维平面内的电场分布即可。很多二维平面内的电场分布又是对称的，所以有时只要实际测绘一半的电场分布即可描绘出整个电场的分布。

　　用稳恒电流场模拟静电场时，如果用水作为电介质，若在电极间加上直流电压，则由于水中导电离子向电极附近的聚集和电极附近发生的电解反应，增大了电极附近的场强，从而破坏了稳恒电流场和静电场的相似性，使模拟失真。因此使用水为电介质时，电极间应加交流电压。当交流电压频率 f 适当时，即可克服电极间加直流电压引起的稳恒电流场分布的失真。交流电源频率 f 也不能过高，过高则场中电极和导电介质间构成的电容不能忽略不计。其次应使该电磁波的波长 $\lambda(\lambda = C/f)$ 远大于电流场内相距最远两点间的距离,这样才能保证在每个时刻交流电流场和稳恒电流场的电势分布相似。这种交流电流场称作"似稳电流场"。通常 f 选为几十到上千赫兹。

在电磁理论中,稳恒电流的电场和相应的静电场的空间形式是一致的。只要电极形状相同,电极电势相等,空间介质均匀,在相应考察点,两者电势相等,或两者电场强度相等。这里我们以几种带电体为例,对稳恒电流场和静电场进行讨论。

1. 模拟长同轴电缆中的静电场

如图 5.13.1 所示,半径为 $a = 1\text{cm}$ 的长圆柱导体 A 和内半径为 $b = 13.8\text{cm}$ 的长圆筒导体 B,它们的中心轴重合。A 和 B 分别带有等量异号电荷,它们之间充满介电系数为 ε 的电介质。A 带正电荷,B 带负电荷。由高斯定律知,电场强度的方向是沿径向由 A 指向 B,呈辐射状分布,其等位面为一簇同轴圆柱面。并由对称性可知,在垂直于轴线的任一截面 P 内,电场分布情况都相同。在距离轴心半径 r 处各点的电场强度为

$$E_r = \frac{\lambda}{2\pi\varepsilon r} \tag{5.13.1}$$

式中 λ 为电荷的线密度。其电势为

$$U_r = U_A - \int_a^r E_r \mathrm{d}r = U_A - \frac{\lambda}{2\pi\varepsilon}\ln\frac{r}{a}$$

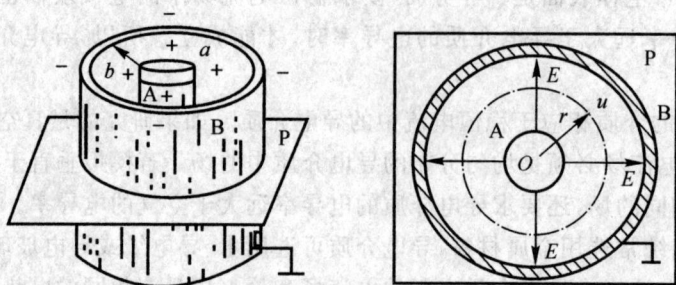

图 5.13.1 同轴电缆的静电场

令 $r = b$ 时,$U_b = 0$,则有

$$U_0 = U_A = \frac{\lambda}{2\pi\varepsilon}\ln\frac{b}{a}$$

由上两式可得

$$U_r = U_0\frac{\ln\dfrac{b}{r}}{\ln\dfrac{b}{a}} \tag{5.13.2}$$

距中心 r 处的电场强度为

$$E_r = -\frac{\mathrm{d}U_r}{\mathrm{d}r} = \frac{U_0}{r}\ln\frac{b}{a} \tag{5.13.3}$$

2. 模拟长平行圆柱间的静电场

若 A 和 B 之间不是充满介电系数为 ε 的电介质,而是充满电阻率为 ρ 的不良导体,且 A 和 B 之间分别与直流电源的正极和负极相连。A 和 B 之间形成径向电流,建立一个稳恒电流场。我们取厚度为 h 的同轴圆柱片来研究。半径为 r 到 $r + \mathrm{d}r$ 之间的环形圆柱片的径向电阻

为

$$dR = \rho \frac{dr}{S} = \frac{\rho}{2\pi h} \cdot \frac{dr}{r}$$

A 和 B 之间的电阻为

$$R_{AB} = \int_a^b \frac{\rho}{2\pi h} \frac{dr}{r} = \frac{\rho}{2\pi h} \ln \frac{b}{a}$$

半径 r 到 B 之间的环形柱片的电阻为

$$R_{rB} = \int_r^b \frac{\rho}{2\pi h} \frac{dr}{r} = \frac{\rho}{2\pi h} \ln \frac{b}{r} = \frac{R_{AB}}{\ln \frac{b}{a}} \ln \frac{b}{r}$$

设 $U_B = 0$，则径向电流为 $I = \dfrac{U_A}{R_{AB}}$，距中心处 r 的电势为

$$U'_r = IR_{rB} = \frac{U_A}{\ln \frac{b}{a}} \ln \frac{b}{r} \qquad (5.13.4)$$

由式(5.13.4)和式(5.13.2)可以看出，稳恒电流场的电势 U'_r 和静电场的电势 U_r 有相同的表达式，说明稳恒电流场和静电场的电势分布相同。

稳恒电流场的电场强度为

$$E'_r = -\frac{dU'_r}{dr} = \frac{U_A}{\ln \frac{b}{a}} \frac{1}{r} \qquad (5.13.5)$$

由式(5.13.3)和式(5.13.5)也可以看出，稳恒电流场的电场 E'_r 与静电场 E_r 分布也是相同。

【实验仪器】

静电场描绘实验仪、几套模拟电极、交流电源及交流毫伏表。

【实验内容与要求】

1. 模拟长同轴电缆中的静电场

(1) 把圆柱电极放置水槽坐标板中心，用导电杆将圆柱电极和圆环电极压住，保证导电杆与两电极接触良好。

(2) 倒入干净自来水，自来水的深度应达到小圆柱高度的三分之二处为宜。

(3) 借助水平仪，通过调节三个水平调节螺钉，将装置调水平。

(4) 如图5.13.2连接电路。通过水槽上的两个接线柱，给电极施加电压 $U_0 = 12V$（转换开关打到"内测"），以下各实验均相同。

(5) 选择合适电势差，用探针沿槽底的坐标均匀地选取若干个电压同为 U_r（转换开关打到"外测"）的等势点，记下这些点的坐标值，描绘其等势线。要求至少描绘出5条等势线，并且同一条等势线至少选取10个测量点。

(6) 此等势线应具有的理论电压可由式(5.13.2)求出。其上各点的实测电压与理论电压间的误差即为该次测量的误差。

(7) 各次实测电压误差的平均值，即为本次实验总的误差。因探针具有 0.1cm 的半径，所

以计算 r 时应减去探针的半径。

（8）依据电场线与等势线处处垂直的原理，描绘出静电场电场线及等势线分布图。

（9）作出 $U_r/U_0 - r$ 图线，并分析误差产生的原因。

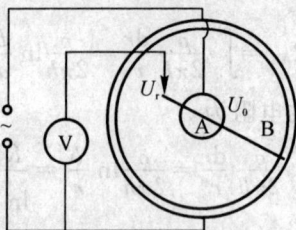

图 5.13.2 连接线路图

2.模拟长平行圆柱间的静电场

（1）把上个实验中所用电极从水槽中取出。

（2）把两个大的圆柱（半径均为 14mm）放在导电杆下合适的位置（具体位置自定，中心距大致为 $4 \sim 5cm$），并用导电连杆将其分别压住，使其接触良好。

（3）把实验箱上的电源接到水槽的两个电极 A，B 施加电压 U_0。

（4）测量坐标 $(0, -1)$ 点的电压值，并记录此值 U_i。

（5）用探针沿槽底的坐标均匀地选取若干个电压同为 U_i 的等势点。记下这些点的坐标值。

（6）换取不同的坐标点，如 $(-1, -1)$、$(+1, +1)$ 等。

（7）根据以上测量，画出静电场电场线及等势线分布图。

前边的长直同轴电缆内静电场基本上被封闭在电极之内，电极外电场极弱，所以模拟比较准确。本次测绘的长平行圆柱间的静电场见图 5.13.3。由于水槽的面积有限，水槽边缘的电流线无法到水槽外部去，只能平行于水槽壁流动，无法模拟无限大空间内的电场线分布，这样，水槽边缘部分的模拟失真较大，只有中央部分的测绘才是比较准确的。

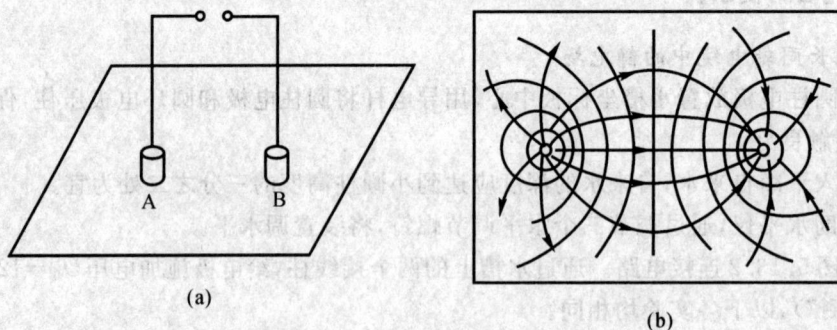

(a)

(b)

图 5.13.3 长平行圆柱静电场模拟图

(a) 长平行圆柱模型； (b) 电场线及等势线分布图

【注意事项】

（1）实验前应将水槽坐标板和电极等清洗干净。

(2) 水槽水平调节时应先让水平泡斜对面的支点悬空,调节其他三个支点,将水槽调节好水平后,再把悬空的支点落实。

(3) 测量时应保持探针和水面垂直,否则会引起测量误差。

(4) 接线时应注意电源输出的红色插孔接到水槽上的红色插孔。

【分析与思考】

1. 用稳恒电流场模拟静电场的依据是什么?

2. 电场线与等势线有何关系?电场线起于何处?终于何处?

3. 电极的电导率为什么要远大于电介质的电导率?

实验 14　　电阻的测量

14.1　电桥测定电阻

【实验目的】

(1) 了解电桥的工作原理;

(2) 了解用电桥测量电阻的实验原理。

【实验仪器】

检流计、电桥、电阻箱、滑线变阻器、金属膜电阻、电源和连接导线。

【实验原理】

1. 工作原理

单臂电桥(又称惠斯登电桥)的基本电路如图 5.14.1 所示。

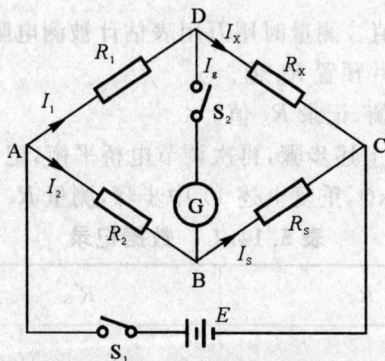

图 5.14.1　单臂电桥电路

它由 4 个桥臂和"桥"——平衡指示器(一般为检流计)以及工作电源 E 和开关等组成。适当选择 R_1,R_2 的值,调节标准电阻 R_s,使 B,D 两点的电位相等,使检流计指零,此时称电桥达到平衡。电桥平衡时有

$$I_1 R_1 = I_2 R_2, \quad I_X R_X = I_S R_S, \quad I_1 = I_X, \quad I_2 = I_S$$

从而可得 $\dfrac{R_1}{R_2} = \dfrac{R_X}{R_S}$，即

$$R_X = \frac{R_1}{R_2} R_S = C R_S \quad (C = R_1 / R_2)$$

上式称电桥平衡条件。所以用直流电桥测量电阻 R_X，其实质就是在电桥平衡条件下，把待测电阻 R_X 按已知比率关系 R_1/R_2 直接与标准电阻进行比较，故电桥法可称"平衡比较法"。

2. 交换测量法(互易法)

用交换 R_X 和 R_S 的测量法可消除因 R_1、R_2 引入的误差。为了消除上述原因造成的误差，可在保持 R_1/R_2 比值不变的条件下，将 R_S 和 R_X 交换位置，调节 R_S 为 R'_S，使电桥重新平衡，则 $R_X = \sqrt{R_S R'_S}$，上式表明使用交换法可消除由 R_1、R_2 引入 R_X 的误差。

【实验内容与要求】

(1) 用自搭电桥测电阻 R_X。

按图 5.14.2 连线，这是图 5.14.1 的变形，其作用是相同的。图中 $R_M = 1\mathrm{M\Omega}$，作用是保护检流计及便于平衡状态的调节。R_S 为电阻箱，R_X 为待测电阻，R_1 和 R_2 为一滑线变阻器。

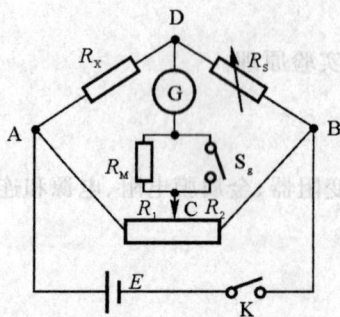

图 5.14.2 自搭电桥电路

用交换法测量 R_X 的电阻值。测量时用万用表估计被测电阻的大小。

1) 取电源电压 E 为 5 V，并预置 R_S 值。

2) 改变 R_S 值调节电桥平衡，记录 R_S 值。

3) 将 R_S 与 R_X 交换，重复上述步骤，再次调节电桥平衡，记录 R'_S 值。

4) R_X 分别为 200 Ω 和 1 kΩ，重复上述 1) 中步骤，测量 R_S 值，记录表 5.14.1 中。

表 5.14.1 数据记录

	R_S	R'_S	$R_X = \sqrt{R_S R'_S}$
$R_X = 200\ \Omega$			
$R_X = 1\ \mathrm{k\Omega}$			

(2) 用图 5.14.1 所示的单臂直流电桥测量 R_X 分别为 200Ω 和 1kΩ 的电阻值，并将数据记录在表 5.14.2 中，并比较两次实验的实验结果。

表 5.14.2　数据记录

	R_1	R_2	R_S					R_X
			1	2	3	4	5	
R_{X1}								
R_{X2}								

【分析与思考】

1. 试证明：自搭电桥用交换法测量 R_X 时，$R_X = \sqrt{R_S R'_S}$，其中 R_S 为电桥第一次平衡时比较臂的值；R'_S 为 R_X 与 R_S 交换位置后，电桥第二次平衡时比较臂的值。

2. 如果没有检流计，如何用自搭电桥来测量表头内阻？

14.2　伏安法测电阻

【实验目的】

(1) 掌握用伏安法测电阻的方法；

(2) 正确使用伏特表、毫安表等，了解电表接入误差；

(3) 了解二极管的伏安特性。

【实验仪器】

直流稳压电源、滑线变阻器、伏特表、毫安表或微安表（或万用表）、待测电阻、待测二极管等。

【实验原理】

用伏安法测电阻，就是用电压表测量加于待测电阻 R_X 两端的电压 U，同时用电流表测量通过该电阻的电流强度 I，再根据欧姆定律 $R_X = U/I$ 计算该电阻的阻值。因为电压的单位为"伏"，电流的单位为"安"，所以这种方法称为伏安法。

1. 安培表的两种接法及其接入误差

用伏安法测电阻，可采用图 5.14.3 所示(a)和(b)两种电路。但由于安培表的内阻为 R_A，伏特表的内阻为 R_V，所以上述两种电路无论哪一种，都存在接入误差（系统误差）。

(1) 安培表内接。如图 5.14.3(a) 所示的电路，安培表测出的 I 是通过待测电阻 R_X 的电流 I_X，但伏特表测出的 U 就不只是待测电阻 R_X 两端的电压 U_X，而是 R_X 与安培表两端的电压之和，即 $U_X + U_A$，若待测电阻的测量值为 R，则有

$$R = \frac{U}{I} = \frac{U_X + U_A}{I} = R_X + R_A = R_X\left(1 + \frac{R_A}{R_X}\right) \tag{5.14.1}$$

由此可知，这种电路测得的电阻值 R 要比实际值大。式(5.14.1)中的 R_A/R_X 是由于安培表内接给测量带来的接入误差（系统误差）。如果安培表的内阻已知，可用下式进行修正：

$$R_X = \frac{U - U_A}{I} = R - R_A = R\left(1 - \frac{R_A}{R}\right) \tag{5.14.2}$$

当 $R_X \gg R_A$ 时，相对误差 R_A/R_X 很小。所以，安培表的内阻小，而待测电阻大时，使用安培表内接电路较合适。

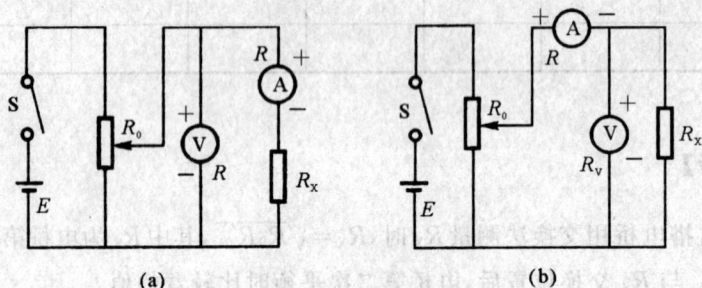

图 5.14.3　伏安法测电阻

（2）安培表外接。如图 5.14.1(b) 所示的电路，伏特表测出的 U 是待测电阻 R_X 两端的电压 U_X，但安培表测出的 I 是流过 R_X 的电流 I_X 和流过伏特表的电流 I_V 之和，即 $I = I_X + I_V$。若待测电阻的测量值为 R，则有

$$R = \frac{U}{I} = \frac{U_X}{I_X + I_V} = \frac{U_X}{I_X\left(1 + \frac{I_V}{I_X}\right)} = \frac{R_X}{1 + \frac{R_X}{R_V}} \approx R_X\left(1 - \frac{R_X}{R_V}\right) \tag{5.14.3}$$

由式 (5.14.3) 可知，这种电路测得的电阻值 R 要比实际值 R_X 小。式 (5.14.3) 中的 R_X/R_V 是由于安培表外接带来的接入误差（系统误差）。若伏特表的内阻 R_V 已知，可用下式修正：

$$R_X = \frac{U}{I - I_V} = \frac{U}{I\left(1 - \frac{I_V}{I}\right)} = \frac{R}{1 - \frac{R}{R_V}} \tag{5.14.4}$$

当 $R_V \gg R_X$ 时，相对误差 R_X/R_V 很小。所以，伏特表的内阻大，而待测电阻小时，使用安培表外接较合适。

由以上分析可知用伏安法测电阻时，由于安培表和伏特表都有一定的内阻，将它们接入电路后，就存在着接入误差（系统误差），所以测得的电阻值不是偏大就是偏小，两个相比较，当 $R_A \ll R_X$ 时，采用安培表内接电路有利；当 $R_V \gg R_X$ 时，采用安培表外接电路有利。一般情况，都应根据式 (5.14.2) 和式 (5.14.4) 进行修正，求得待测电阻 R_X。

2. 线性电阻和非线性电阻的伏安特性曲线

若一个电阻元件两端的电压与通过电流成正比，则以电压为横轴，以电流为纵轴所得到的图像是一条通过坐标原点的直线，如图 5.14.4(a) 所示，这种电阻称为线性电阻。

若电阻元件电压与电流不成比例，则由实验数据所描绘的 $I - V$ 图线为非直线，这种电阻称为非线性电阻。晶体二极管的特性就属于这种非线性情况，如图 5.14.4(b) 所示。

2AP 型晶体二极管，它的结构和符号如图 5.14.5 所示。把电压加在二极管的两端，如它的正极接高电位点，负极接低电位点，即加正向电压，则电路中有较大的电流（毫安级）且电流随电压的增加，但不成正比，若二极管的正极接低电位点，负极接高电位点，即加反向电压，则电流非常微弱（微安级），电流与电压也不成正比，当反向电压高到一定数值时，电位急剧增加，

以致击穿,在使用二极管时,应先了解允许通过它的最大正向电流和允许加于它两端的最高反向电压。

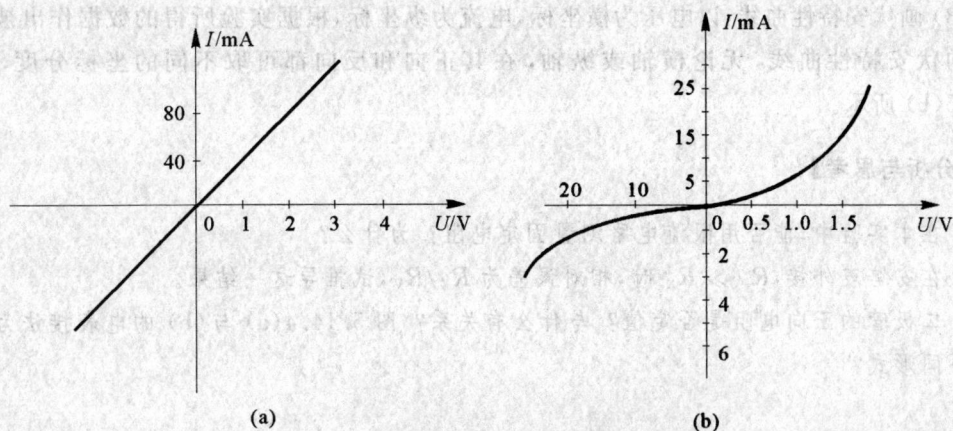

(a) (b)

图 5.14.4　线性电阻和非线性电阻伏安特性曲线

(a) 线性电阻；　(b) 非线性电阻

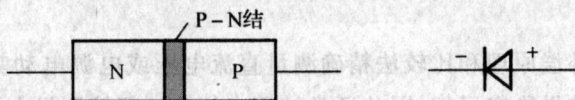

图 5.14.5　二极管结构及符号

【实验内容与要求】

1. 测量线性电阻

(1) 根据待测电阻选择图 5.14.3(a) 或(b) 接好线路,调节变阻器的滑动头,由小到大均匀的测量 6 个电压值,并记录对应的电流值,以电压值为横坐标,电流值为纵坐标,从图上得到一条直线,求出其斜率的倒数即为 R。

(2) 根据所接线路,选择修正公式进行修正,最后求出待测电阻 R_X。

2. 测量二极管的伏安特性

(1) 正向特性:按图 5.14.6(a) 接好电路,把 S 接通。实验自零伏开始,每增加一个电压值,读取一次电流值,共读取 6 ~ 10 组数据,并填入事先准备好的数据表格内。注意在曲线拐弯处,电压间隔应取小一些。

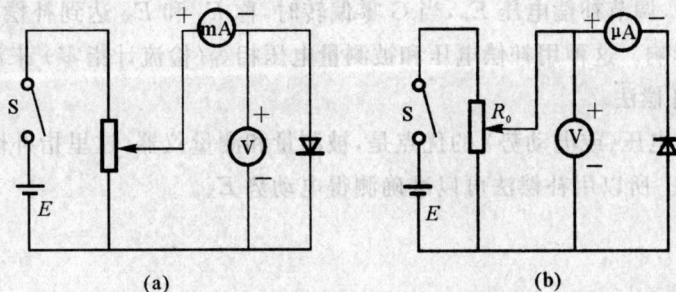

(a) (b)

图 5.14.6　测二极管特性

（2）反向特性：按图 5.14.6(b) 接好电路，实验自零伏开始，每隔一定电压间隔，读取一组电压和电流的数据，共测若干组。

（3）画伏安特性曲线：以电压为横坐标，电流为纵坐标，根据实验所得的数据作出被测二极管的伏安特性曲线，无论横轴或纵轴，在其正向和反向都可取不同的坐标分度，如图 5.14.6(b) 所示。

【分析与思考】

1. 在本实验中，能否用限流电路测量固定电阻？为什么？

2. 在安培表外接，$R_V \gg R_X$ 时，相对误差为 R_X/R_V，试推导这一结果。

3. 二极管的正向电阻是否定值？与什么有关系？图 5.14.4(a) 与 (b) 的电表接法为什么采用不同形式？

实验 15　　电位差计的使用

电位差计是利用补偿原理和比较法精确测量直流电压或电源电动势的常用仪器，它准确度高、使用方便、测量结果稳定可靠，因此还常被用来精确地间接测量电流、电阻和校正各种精密电表。在现代工程技术中电位差计还广泛用于各种自动检测和各种自动控制系统。

【实验目的】

（1）了解电位差计的结构和调节使用方法；

（2）了解电位差计补偿法测量电动势的工作原理。

【实验原理】

1. 补偿法测电动势

如图 5.15.1(a) 所示，用电压表测量电动势时，由于电压表内阻不可能无穷大，当有电流 I 流过时，它在被测电动势内阻 r 上的电压降为 Ir，则电压表测出的值应为 $E_X - Ir$，而不是电动势 E_X。用补偿法测量电动势如图 5.15.1(b) 所示，图中 E_P 是连续可调且能准确知道电压值的电源，称为补偿电源。G 为检流计，当流过 G 的电流为零（或 G 两端的电压为零）时，G 指零（零偏转）。测量时，调节补偿电压 E_P，当 G 零偏转时，称 E_P 和 E_X 达到补偿状态。此时 $E_X = E_P$，可除去 Ir 的影响。这种用补偿电压和被测量电压相等（检流计指零）来测量电压（或电动势）的方法，称为补偿法。

用补偿法测量电压（或电动势）的优点是，被测量和测量仪器（这里指补偿电压 E_P 和检流计）之间没有电流。所以用补偿法可以准确测得电动势 E_X。

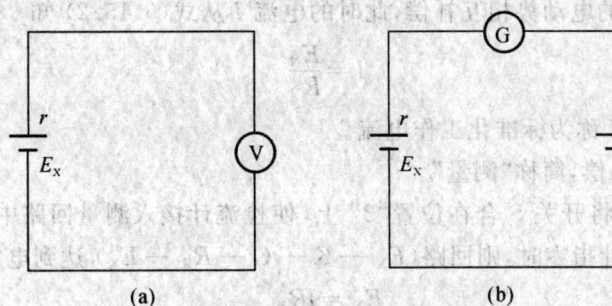

图 5.15.1　测量电动势原理图

(a) 电压表测量电动势；　(b) 补偿法测量电动势

2. 电位差计原理

以补偿法原理构成测量电压（或电动势）的仪器称为电位差计。由补偿法原理可知：电位差计应具有一个可调节大小，且电压值可准确读数的补偿电压 E_P 和一个检流计。在电位差计中，利用精密可调电阻，通过标准化工作电流构成 E_P，图 5.15.2 是电位差计的原理图。图中 E_X 为待测电动势，E 为工作电源，G 为检流计，E_N 为标准电池。E_N 能保持稳定的电动势，但随温度而变化。当 $t = 20℃$ 时，$E_N(20℃) = 1.018\ 64$ V，室温为 $t℃$ 时，其电动势由下式算出

$$E_N(t) = E_{20} - [39.94(t-20) + 0.929\ (t-20)^2 - 0.009\ (t-20)^3 +$$
$$0.000\ 06\ (t-20)^4] \times 10^{-6}\ \text{V} \tag{5.15.1}$$

上述公式适用范围为 $0℃ < t < 40℃$。

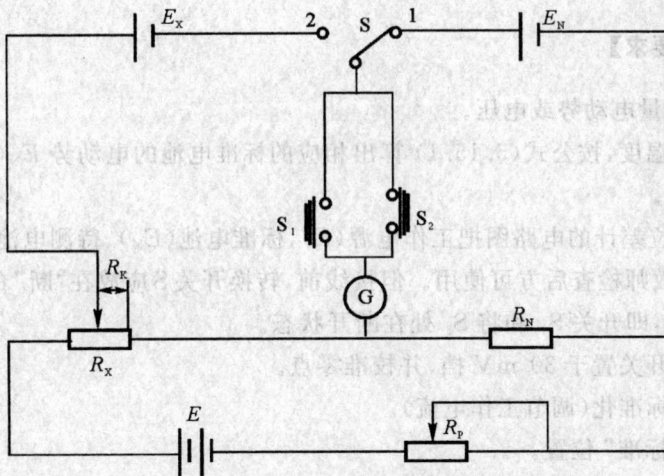

图 5.15.2　电位差计的原理图

下面将通过使用电位差计的两个步骤来说明它的工作原理。

(1) 工作电流标准化，简称"校准"。

将开关 S 合在位置"1"上，调节 R_P 使检流计 G 指示零值，根据电压补偿原理有

$$E_N = IR_N \tag{5.15.2}$$

即回路（$E_N - K - G - R_N - E_N$）达到补偿。这一步骤的目的是使工作电流回路（$E - R_X - R_N - R_P - E$）中的电阻 R_X 流过一个标准电流 I。或者说：当检流计指零时，标准电阻上的

电压 IR_N 和标准电池的电动势相互补偿,此时的电流 I 从式(5.15.2)知

$$I = \frac{E_N}{R_N} \qquad\qquad (5.15.3)$$

校准的工作电流 I 称为标准化工作电流。

(2)未知电动势补偿,简称"测量"。

工作电流校准后,将开关 S 合在位置"2"上,使检流计接入测量回路中,测量未知电动势 E_X。调节 R_X,当检流计指零时,则回路($E_X - K - G - R_K - E_X$)达到电压补偿,此时有

$$E_X = IR_K \qquad\qquad (5.15.4)$$

式(5.15.3)代入式(5.15.4)得出

$$E_X = \frac{R_K}{R_N} E_N \qquad\qquad (5.15.5)$$

仪器在生产过程中,已直接把电阻的变化转化为相应的电压,标在刻度盘上。因此,E_P 可直接从电位差计的刻度盘上读出。由于精密电阻 R_X、R_N 的准确度很高,标准电池的电动势准确稳定,检流计很灵敏,所用电源稳定,所以 E_X 的测量精度极高。此外,当补偿回路达到完全补偿时,回路中无电流,这表明测量时既不从标准电池中,也不从测量回路中吸取电流,因此不改变被测回路的原有状态和电动势的值。亦可避免回路中导线电阻、标准电池内阻及被测回路等效内阻对测量准确度的影响。

【实验仪器】

电位差计、标准电池、检流计、待测电源、直流电源等。

【实验内容与要求】

按以下步骤测量电动势或电压。

(1)查看室内温度,按公式(5.15.1)算出相应的标准电池的电动势 $E_N(t)$,将标准电池电动势的值进行修正。

(2)按箱式电位差计的电路图把工作电源(E)、标准电池(E_N)、待测电池(E_X)、检流计(G)接入电位差计,经教师检查后方可使用。但接线前,转换开关 S 应放在"断"的位置,"粗"、"细"按钮开关不能接通,即开关 S_1 和将 S_2 处在断开状态。

(3)将检流计开关置于 $30\,mV$ 档,并校准零点。

(4)工作电流标准化(调节工作电流)。

1)将 S 置于"标准"位置。

2)接通"粗"按钮,调节旋钮 R_p,使检流计 G 指示零值。

3)再接通"细"按钮,继续调节旋钮 R_p,使检流计 G 再次指示零值。

(5)测量未知电动势。

1)将"粗"和"细"按钮断开(断开开关 S_1 和 S_2),然后使转换开关 S 指向测量位置对应处"未知"档位。

2)初步估计待测干电池电动势的值,使读数盘旋钮旋至约等于其值的位置上。

3)接通"粗"按钮,调节上述读数盘,使检流计 G 指示零值。

4)再接通"细"按钮,继续调节上述读数盘,使检流计 G 指示零值。

(6) 为了提高测量准确度,在上面测量的基础上,使检流计的转换开关置于 1mV 档,先校准零点,后重复步骤(4)和(5),从读数盘旋钮的窗口就可读出待测电动势的值。

【注意事项】

(1) 接线时,电源的正、负极不能接错。标准电池应平放,不可倒置。防止电池短路或两极接反,也不能用普通伏特表和万用表测量标准电池的电动势。

(2) 为保证测量准确,每次测量待测电压前必须进行工作电流标准化。

(3) 实验完毕,要使检流计关机。

【分析与思考】

1. 何谓补偿原理? 电位差计得到补偿的标志是什么?

2. 在使用电位差计测电动势(或电压)步骤中,为什么必须"工作电流标准化"这一步?

实验 16   霍耳效应实验

霍耳效应是霍耳于 1879 年发现的,根据霍耳效应生产的霍耳器件,它不仅可以测量磁场、电流,判断半导体的类型,还可以检测位移、振动以及其他非电量。随着半导体物理学的发展,霍耳效应的应用越来越广泛。由于霍耳器件结构简单、频率响应宽(达 100Hz)、寿命长、灵敏度高、可靠性好等优点,在非电量电测、自动化控制和信息处理等方面具有广泛应用。近年来发现和研究的量子霍耳效应,又使其应用进一步拓宽。

【实验目的】

(1) 了解霍尔效应的应用;

(2) 学会测量霍耳电压及消除副效应的方法;

(3) 学会测量霍耳元件的参数;

(4) 了解测量磁场的原理。

【实验原理】

1. 霍耳效应

将通有电流 I 的导体,置于图 5.16.1 所示的磁场 B 中,则在垂直于电流 I 和磁场 B 的 Y 轴上将产生一个附加电位差 U_H,这一现象是霍耳在 1879 年首先发现的,故称霍耳效应,电位差称为霍耳电动势。

如图 5.16.1 所示,半导体为 N 型样品,若在 MN 两端按图示加一稳定电压,则有恒定电流 I 沿 X 轴方向流过,在 Z 轴加以磁场,则以速度 v 运动的载流子(电子)将受到洛伦兹力 F_B 的作用沿着虚线运动,并聚集在下平面,随着电子的向下偏移和聚集,上平面将出现等量的剩余正电荷,结果形成一个上正下负的横向电场,称为霍耳电场 E_H,这样电子在受到洛伦兹力的同时,还要受到反向的霍耳电场力 F_E。当电子受到这两种力达到动态平衡时,就能无偏离地从右向左通过半导体,此时有如下关系。

$$|F_B| = |F_E|$$

即

$$evB = eE_H \tag{5.16.1}$$

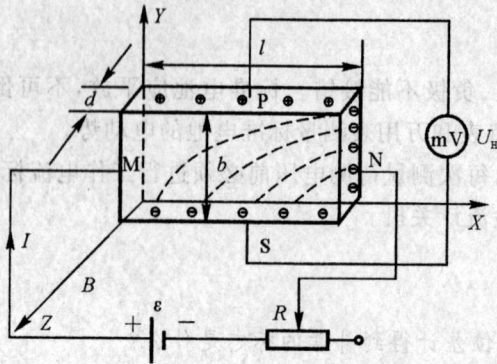

图 5.16.1 霍耳效应原理图

设样品的长为 l,宽为 b,厚为 d,载流子浓度为 n_-,则通过样品的电流 I 大小为

$$I = n_- evbd \tag{5.16.2}$$

因 E_H 的方向沿 Y 轴负方向,故由 P 到 S 的电势差为

$$U = -Eb = -Bvb \tag{5.16.3}$$

将式(5.16.2)代入式(5.16.3)得

$$U_H = -\frac{IB}{n_- ed} \tag{5.16.4}$$

即霍耳电动势 U_H 与 IB 乘积成正比,与样品厚度 d 成反比,比例系数 $R_H = -1/(n_- e)$ 称为霍耳系数,其单位为 m^3/C,它是反映材料霍耳强弱的重要参数,同理对 P 型半导体样品,则 $R_H = 1/(n_+ e)$,n_+ 为空穴浓度。

考虑到霍耳元件材料厚度 d 对霍耳电动势强弱的影响,引入一个重要参数 K_H,并令 $K_H = R_H/d = -1/(n_- ed)$,$K_H$ 为霍耳灵敏度,它表示霍耳元件在 1T 外磁场作用下,流过单位电流 I 时所输出的霍耳电压的大小,单位为 mV/mA·T 这样式(5.16.4)可写成

$$U_H = K_H IB \tag{5.16.5}$$

由式(5.16.5)可知,霍耳电压 U_H 的方向既与电流方向有关又与外磁场 B 的方向有关即 P、S 两端电势的高低不但随电流 I 的换向而换向,也随着磁场 B 的换向而换向。同时还可看出,霍耳电压 U_H 与 n、d 成反比关系。

如果知道霍耳元件灵敏度 K_H,通过测出流过霍耳片的工作电流 I 及霍耳电压 U_H,就可算出未知磁场 B,即有

$$B = \frac{U_H}{K_H I} \tag{5.16.6}$$

需要说明,式(5.16.5)是在做了一些假定的理想情形下得到的,实际上测到的并不只是 U_H,还包括其他因素带来的附加电压,因而根据 U_H 计算出的磁感应强度 B 并不太准。下面讨论在产生霍耳效应的同时所出现的几个负效应以及为消除其影响所采取的测算方法。

2.与霍耳效应一起出现的几个副效应

(1)爱廷豪森(Etinghausen)效应。此效应是由载流子速度不同引起的。速度大的载流

子在磁场中所受的洛伦兹力大,速度小的受到洛伦兹力小,结果使动能大的载流子趋向霍耳片的一侧(见图 5.16.1 上侧),而动能小的载流子趋向霍耳片的另一侧,从而在两电极 P,S 间出现温差电动势 U_E,这一现象称为爱廷豪森效应,不难看出,U_E 的极性始终与霍耳电压相同,即其极性随 B 和 I 的换向而换向。

(2) 能斯脱(Nernst)效应。由于工作电流引线的焊接点 M、N 处的电阻不同,通电后发热(I^2Rt)程度不同,使 M、N 之间出现由温差电动势引起的热扩散电流(载流子由高温向低温扩散),从而在 P,S 之间产生类似于霍耳电压 U_H 的电压 U_H,此即能斯脱效应。U_N 正负仅随 B 的改变而改变,而与 I 的换向无关。

(3) 里纪-勒杜克(Righi-Leduc)效应。这是由于热扩散电流中载流子速度的不同所引起的爱廷豪森效应,使 P,S 之间出现一个温差电动势 U_{RL},此现象称为里纪-勒杜克效应。

虽然 U_{RL} 与 U_E 产生的机理相同,但 U_{RL} 是由热扩散电流和磁场所引起的,故 U_{RL} 仅随 B 的换向而换向,与 I 的换向无关。

(4) 不等位电势差(或称零位误差)。由于霍耳元件材料本身的不均匀及工艺的限制,使电极 P,S 未能接在同一等位面上(见图 5.16.2)。因此,在工作电流通过时,即使不加磁场,输入极 P,S 间也存在电位差 U_0,U_0 称为不等位电势差,其正负仅与工作电流 I 的方向有关。

综上所述,在确定的磁场 B 和工作电流 I 的条件下,实际测得 P,S 两极的电压 U,不仅包括 U_H,还包括 U_E,U_N,U_{RL},U_0,是这 5 种电压的代数和。可见,将综合 U 当作是所测的霍耳电压 U_H,误差是很大的,为了消除这些附加电压的影响,我们采用以下方法来进行测算。

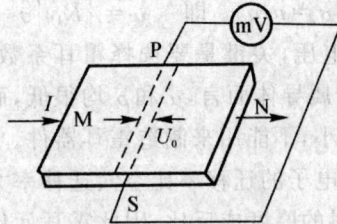

图 5.16.2　不等位电势图

假设图 5.16.1 所示的 B,I 为正方向,且 N 的温度高于 M,不等位电压 U_0 是 P 正 S 负。此时测得 P,S 间的电压为 U_1,即有

$$[+B, +I] \qquad U_1 = U_H + U_E + U_N + U_{RL} + U_0 \qquad (5.16.7)$$

B 换向,I 不变,即

$$[-B, +I] \qquad U_2 = -U_H - U_E - U_N - U_{RL} + U_0 \qquad (5.16.8)$$

B,I 同时换向,即

$$[-B, -I] \qquad U_3 = U_H + U_E - U_N - U_{RL} - U_0 \qquad (5.16.9)$$

B 不变,I 换向,即

$$[+B, -I] \qquad U_4 = -U_H - U_E + U_N + U_{RL} - U_0 \qquad (5.16.10)$$

由以上四个等式得

$$U_H = (U_1 - U_2 + U_3 - U_4)/4 - U_E \qquad (5.16.11)$$

因 $U_E \ll U_H$,忽略 U_E,则得

$$U_H = (U_1 - U_2 + U_3 - U_4)/4 \qquad (5.16.12)$$

3. 霍耳元件电学参数的确定

(1) 根据霍耳电压的正负判断样品的导电类型。

按图 5.16.1 所示的 I 和 B 的方向加载工作电流和磁场,若测得的 $U_H < 0$,则 R_H 为负,样品属 N 型,反之则为 P 型。

(2) 由 R_H 求载流子浓度 n_-。

由霍耳系数 $R_H = -1/(n_- e)$ 得

$$n_- = \frac{1}{|R_H| e} \tag{5.16.13}$$

这个关系式是假定所有载流子都具有相同的漂移速度得到的,严格地讲,考虑载流子的速度的统计分布,需引入 $3\pi/8$ 的修正因子。

$$n_- = \frac{3\pi}{8} \frac{1}{|R_H| e} \tag{5.16.14}$$

(3) 电导率 σ 的测量。

如图 5.16.1 所示,在 A,C 电极间进行测量。设 A,C 间的距离为 l,样品的横截面积为 $S = bd$,流经样品的电流为 I,在零磁场下,若测得 A,C 间的电位差为 U_σ,则电导率 σ 为:

$$\sigma = \frac{Il}{U_\sigma S} \tag{5.16.15}$$

(4) 载流子的迁移率 μ。

电导率 σ 与载流子 n 以及迁移率 μ 之间有如下关系:

$$\sigma = ne\mu \quad 即 \quad \mu = |R_H| \sigma \tag{5.16.16}$$

综上所述,要得到大的霍耳电压,关键是要选择霍耳系数大(即迁移率高,电阻率 ρ 亦较高)的材料。因 $|R_H| = \mu\rho$。就金属导体而言,μ 和 ρ 均很低,而不良导体 ρ 虽高,但 μ 极小,因而上述两种材料的霍耳系数都很小,不能用来制造霍耳器件。而半导体 μ 高,ρ 适中,是用来制造霍尔元件较理想的材料。由于电子的迁移率比空穴迁移率大,所以霍耳元件多采用 N 型材料。其次,霍耳电压的大小与材料的厚度成反比,因此霍耳元件的厚度一般都很小。

【实验仪器】

霍耳效应实验台,霍耳效应测试仪。

【实验内容与要求】

1. 电位计测量法

(1) 如图 5.16.3 接好线路,经教员检查后使用。

(2) 查看室内温度,并对标准电池进行温度补偿。

(3) 将霍尔元件置于磁极中间,使励磁电流 $I_0 = 0.5$ A,通过霍耳片的控制电流分别为 2 mA,4 mA,6 mA,8 mA,测出相应的霍尔电压,考查霍尔电压与控制电流的线性关系,并根据给定的霍尔灵敏度 K_H 算出磁场大小。

测量时应注意两点:

(1) 检流计量程置 1 mA 档,并校准零点。

(2) 每改变一次控制电流,都必须先把电位差计上的"粗""细"按钮开关断开。

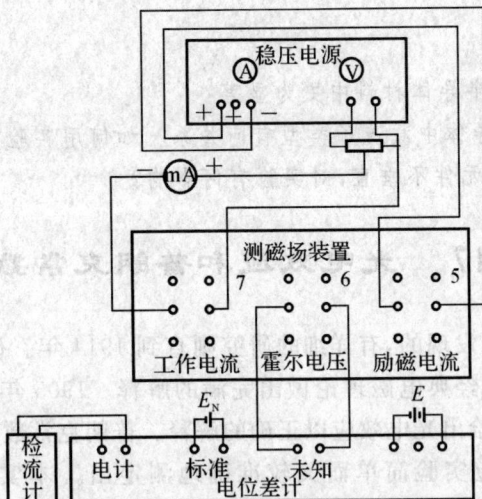

图 5.16.3　连线图

2. 霍耳效应测试仪测量法

(1) 将测试仪面板上的"I_S 输出""I_M 输出"和"U_H、$U_σ$ 输入"三对接线柱分别与实验台上的三对相应接线柱正确相连,不得接错,严禁将 I_M 输出误接到 I_S 输入或 U_H、$U_σ$ 输出端,以防损坏霍耳片。线路接好后未经教员检查不得接通任何一个开关。接通开关前先将测试仪面板上的 I_S,I_M 调节旋钮逆时针旋到底,然后再开机。实验完毕,应将"I_S 调节"和"I_M 调节"旋钮逆时针旋到底,使指示器读数为"000",然后再切断电源。

(2) 调节 $I_M = 0.600$ A 并保持不变,取 I_S 依次为 $1.00,2.00,3.00,4.00,5.00$ 和 6.00 mA,测出 I 和 B 不同方向下相应的四个电压值,并将数据记入下表中,计算 U_H,测绘 U_H-I_S 关系曲线,考查是否为过原点的一条直线。

(3) 调节 $I_S = 6.00$ mA 并保持不变,将励磁电流 I_M 依次取 $0.300,0.400,0.500,0.600$,0.700 和 0.800 A,测出 I 和 B 不同方向下相应的四个电压值,将数据记录下来,求出 U_H,并由实验仪器给出的 K_H 值,计算出不同 I_M 所产生的磁感应强度 B,作出 B-I_M 关系曲线。

(4) 测量 $U_σ$ 值。

将"U_H,$U_σ$"切换开关投向 $U_σ$ 一侧,"U_H,$U_σ$"显示切换至 $U_σ$。在零磁场下,取 $I_S = 2.00$ mA,测量 U_{AC}(即 $U_σ$)。

(5) 求 R_H,n,$σ$ 和 $μ$。

【注意事项】

(1) 接线时应将开关断开后再连接电路。

(2) 开机或关机前,应将"I_S 调节"和"I_M 调节"旋钮逆时针方向旋到底再开机或关机。

(3) 切记不可将"I_S 输出""I_M 输出"与"I_S 输入""I_M 输入"接错,以免烧坏霍耳元件。

(4) 霍耳电压测量时样品应调节完全放置在磁场中,才能进行测量。

(5) 霍耳片易碎,引线易断,使用时要小心,防止碰压。

(6) 电磁铁的磁化线圈通电时间不宜过长,否则会因线圈和电磁铁发热而影响测量结果。同理霍耳片的通电时间也不能过长,因此,每测完几个点后最好把开关断开片刻。

【分析与思考】

1. 为什么霍耳效应在半导体材料中更为显著？

2. 霍耳系数 R_H 与半导体中载流子类型有何关系？如何用实验方法确定样品导电类型？

3. 如果磁场 B 与霍耳元件不垂直，对实验有何影响？

实验 17 光电效应和普朗克常数测定

光电效应是 19 世纪末发现的，有详细的研究则直到 1914 年。研究中发现光电效应的基本规律，无法用麦克斯韦的经典电磁理论做出完满的解释。1905 年，爱因斯坦应用普朗克的量子论，提出光量子概念，给出光电效应以正确的解释。普朗克常数是现代物理学中的一个重要常数，它可以由光电效应实验简单而又较准确地测定出。本实验有助于光的量子性的理解。

【实验目的】

(1) 了解光的量子性；

(2) 理解光电效应实验现象及原理；

(3) 学会光电管暗电流、截止电压的测量方法。

【实验原理】

在光的照射下，从金属表面释放电子的现象称为光电效应。光电效应的基本规律可归纳为：

(1) 光电流与光强成正比；

(2) 光电效应存在一个截止频率，当入射光的频率低于某一阈值 ν 时，不论光的强度如何，都没有光电子产生；

(3) 光电子的动能与光强无关，但与入射光的频率成正比；

(4) 光电效应是瞬时效应，一经光线照射，立刻产生光电子。

用麦克斯韦的经典电磁理论无法对上述实验事实作出完满的解释。1905 年 A. 爱因斯坦大胆地把 1900 年 M. 普朗克在进行黑体辐射研究过程中提出的辐射能量不连续观点应用于光辐射，提出"光量子"概念，他认为光是以能量为 $E = h\nu$ 的粒子流，这些粒子后来就称为光子。光电效应就是一个光子作用于金属中的一个电子，并把它的全部能量交给这个电子而产生的。如果电子脱离金属表面耗费的能量为 W_S 的话，则由光电效应打出来的电子的动能为

$$E = h\nu - W_S \quad 或 \quad \frac{1}{2}mv^2 = h\nu - W_S \tag{5.17.1}$$

式中 h——普朗克常数，公认值为 $6.629\,16 \times 10^{-34}$ J·s。

ν——入射光的频率。

m——电子的质量。

v——光电子逸出金属表面时的初速度。

W_S——受光线照射的金属材料的逸出功（或功函数）。

在(5.17.1)式中，$\frac{1}{2}mv^2$ 是没有受到空间电荷阻止，从金属中逸出的光电子的最大初动能。由式(5.17.1)可见，入射到金属表面的光频率越高，逸出来的电子最大初动能必然也越大。由于光电子具有初动能，所以即使阳极不加电压也会有光电子到达阳极而形成光电流，甚至阳极相对于阴极的电位低时也会有光电子到达阳极，直到阳极电位低于某一数值时，所有光电子才不能到达阳极，这时光电流才为零。这个相对于阴极为负值的阳极电位 U_S 被称为光电效应的截止电位(或称做截止电压)。

显然，此时有

$$eU_S - \frac{1}{2}mv^2 = 0 \qquad\qquad (5.17.2)$$

将式(5.17.2)代入式(5.17.1)即有

$$eU_S = h\nu - W_S \qquad\qquad (5.17.3)$$

由于金属材料的逸出功 W_S 是金属的固有属性，对于给定的金属材料 W_S 是一个定值，它与入射光的频率无关。令 $W_S = h\nu_0$，ν_0 为截止频率；即具有截止频率 ν_0 的光子刚好具有逸出功 W_S，而没有多余的动能。

将式(5.17.3)改写为

$$U_S = \frac{h}{e}\nu - \frac{W_S}{e} = \frac{h}{e}(\nu - \nu_0) \qquad\qquad (5.17.4)$$

式(5.17.4)表明，截止电位 U_S 是入射光频率 ν 的线性关系。直线的斜率 $K = h/e$。当入射光的频率 $\nu = \nu_0$ 时，截止电位 $U_S = 0$，没有光电子逸出。

图 5.17.1 是用光电管进行光电效应实验，测量普朗克常数的实验原理图。频率为 ν、强度为 P 的光线照射到光电管阴极上，即有光电子从阴极逸出，如图 5.17.1 所示在阴极 K 和阳极 A 之间加有反向电位 U_{KA}，它使电极 K、A 之间建立起的电场对光电阴极逸出的光电子起减速作用，随着电位 U_{KA} 的增加，到达阳极的光电子(光电流)将逐渐减小。

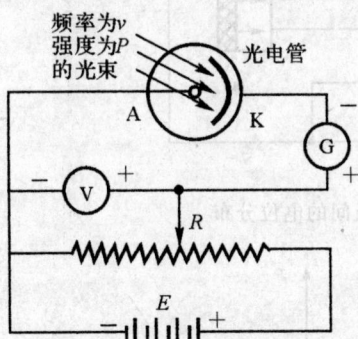

图 5.17.1　实验原理图　　　　　　　图 5.17.2　光电管伏安特性曲线

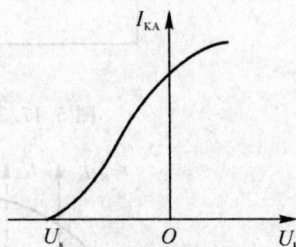

对于不同频率 ν 的光，可以得到与之相对应的如图 5.17.2 所示的伏安特性曲线，该曲线 $I = 0$ 时，即为不同频率对应的截止电位 U_S，作出不同频率下的 U_S-ν 曲线，如果它是一条直线，就可以证明爱因斯坦光电效应方程的正确性，并由斜率 K，根据 $h = Ke$ 就可以求出普朗克常数 h。其中 $e = 1.60 \times 10^{-19}$ C 是电子的电荷量。

最后，对于本实验还需要指出：从理论上讲，测出不同频率光照射下阴极电流为零时对应

的电压 U_{KA}，其绝对值即该频率的截止电压，然而实际上由于光电管的阳极反向电流、暗电流、本底电流、极间接触电位差的影响，实测电流并非阴极电流，实测电流为零时对应的电压 U_{KA} 的也并非截止电压。

光电管制作过程中阳极往往被污染，沾上少许阴极材料，入射光照射阳极或入射光从阴极反射到阳极之后都会造成阳极光电子发射，阳极发射的电子向阴极运动就构成了阳极反向电流。

暗电流和本底电流是热激发产生的光电流与杂散光照射光电管产生的光电流，可以在光电管制作或测量过程采取适当措施以减少它们的影响。

极间接触电位差（两种金属相接触的地方存在着"接触电位差"）与入射光频率无关，只影响截止电压 U_S 的准确性，不影响 U_S - ν 曲线的斜率，对测定 h 无大影响。其原因如下。

接触电位差的大小与这些金属的逸出功有关。光电管大都用逸出功大的金属做阳极，用逸出功小的金属做阴极（例如镍 $W_{Ni} = 4.96$ eV、钾 $W_K = 1.6$ eV 即 W_R 或 $\varphi_A > \varphi_K$）。将光电管的电路改画成图 5.17.3 之后可以看出，光电管两电极间的电位 U_{KA} 跟两电极的逸出电位 φ_A，φ_K 及外加电压 U_{KA} 之间有下列关系（见图 5.17.4）：

$$U_{KA} = U'_{KA} + \varphi_A - \varphi_K \tag{5.17.5}$$

在截止电压情况下

$$U_S = U'_S + \varphi_A - \varphi_K$$

代入式 (5.17.3) 得

$$eU'_S + e\varphi_A - e\varphi_K = h\nu - e\varphi_K$$

$$U'_S = \frac{h}{e}\nu - \varphi_A \tag{5.17.6}$$

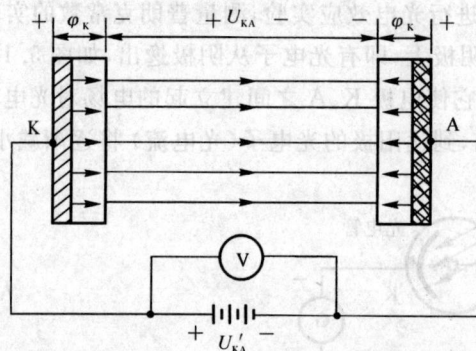

图 5.17.3　光电管电极间的电位分布

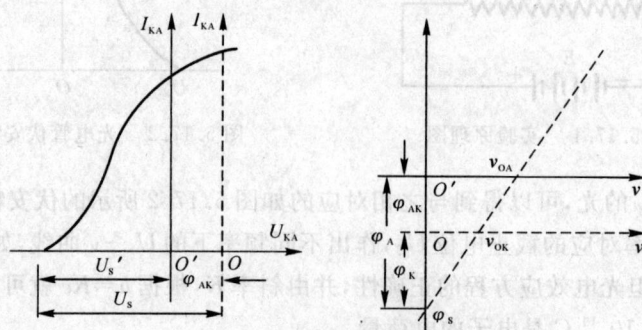

图 5.17.4　光电管极间接触电位差的影响

如果实验中电流计灵敏度高,稳定性好;光电管阳极反向电流、暗电流也较低,那么在测量不同频率光的截止电压 U_s 时,可采用零电流法,即直接将不同频率光照射下测得的电流为零时对应的电压的绝对值作为截止电压 U_s。

【实验仪器】

光源、光电管及暗盒、微电流测量仪、滤色片等。

【实验内容与要求】

1. 测试前的准备

检查实验电路连接图,用遮光罩盖住光电管暗盒的光窗,插上电源预热 20～30 分钟。

2. 测量光电管的暗电流

微电流量程置微安挡。顺时针缓慢旋转"电压调节"旋钮,并合适改变"电压量程"和"电压极性"开关。仔细记录从 −3～+3 V 不同电压下的相应电流值。此时所读的即为光电管的暗电流,填入表 5.17.1 中。

表 5.17.1　光电管的暗电流

电压 /V	− 3	− 2	− 1	0	1	2	3
电流 /μA							

3. 测量光电管的 U-I 特性曲线

(1) 让光源出射孔对准光电管暗盒窗口,并使暗盒离开光源 30～50 cm。取去遮光罩,换上滤色片。"电压调节"从 −3 V 或 −2 V 调起,缓慢增加,先观察一遍不同滤色片下的电流变化情况,记下电流明显变化的电压值以便精测。

(2) 在粗测的基础上进行精测记录。从短波长起小心地逐次换入滤色片,仔细读出不同频率的入射光照射下的光电流。并在表 5.17.2 记录数据(在电流开始变化的地方多读几个值。)

表 5.17.2　光电流值　　　　　(距离 L = _____ cm)

365nm	U_{GK}						
	I_{KA}						
405nm	U_{GK}						
	I_{KA}						
436nm	U_{GK}						
	I_{KA}						
546nm	U_{GK}						
	I_{KA}						
577nm	U_{GK}						
	I_{KA}						

其中 U_{GK} 的单位为伏(V)，$I_{KA}(\times 10^{-11} A)$

（3）在精度合适的方格纸（例如 25×20 cm）上，仔细作出不同波长（频率）的 U-I 曲线。从曲线中找出电流开始变化的"抬头点"，确定 I_{KA} 的截止电压 U_s，并记入表 5.17.3。

表 5.17.3　数据记录　　　　　　（距离 $L =$ _____ cm）

λ/nm	365	405	436	546	577	$h(\times 10^{-34} \text{J} \cdot \text{s})$	$\delta/(\%)$
$\nu(\times 10^{14} \text{Hz})$	8.22	7.41	6.88	5.49	5.20		
U_s/V							

（4）把不同频率下的截止电压 U_s 描绘在方格纸上。如果光电效应遵从爱因斯坦方程，则 $U_s = f(\nu)$ 关系曲线应该是一根直线。求出直线斜率 $K = \dfrac{\Delta U_s}{\Delta \nu}$，求出普朗克常数 $h = eK$。并算出所测值与公认值之间的误差。

【注意事项】

（1）滤色片是精选和精加工的，更换时注意避免污染，以确保良好的透光性。

（2）滤色片要遮在光电暗盒的光窗上，不能遮在光源的出射孔上。

（3）更换滤色片时应先将光源出射孔遮盖，实验完毕后应用遮光罩盖住暗盒光窗，以免强光照射阴极缩短光电管寿命。

【分析与思考】

1. 光电流是否随光源的强度变化而变化？截止电压是否因光强不同而改变？
2. 试讨论光电流对建立量子概念和认识光的波粒二象性的重要意义。

实验 18　多普勒效应实验

对于机械波和电磁波而言，当波源和观察者（或接收器）之间发生相对运动，或者波源、观察者相对不动而传播介质运动时，或者波源、观察者、传播介质都相对运动时，观察者接收到的频率和波源的频率不相同的现象，称为多普勒效应。

多普勒效应在核物理、天文学、工程技术、交通管理、医疗诊断等方面有十分广泛的应用。如用于卫星测速、光谱仪、多普勒雷达、多普勒彩色超声诊断仪等。

本实验用超声波来研究多普勒效应。电磁波和声波研究多普勒效应的原理是相似的，但由于超声波的波速比电磁波要小得多，所以在较低的运动速度下也有明显的多普勒效应，有利于物理实验中对多普勒效应进行研究。

【实验目的】

（1）了解多普勒效应产生的机理；

（2）学会用多普勒效应测量物体的运动参数。

【实验原理】

1. 声波的多普勒效应

设声源在坐标原点,声源频率为 f,接收器在 x 方向,运动和传播都在 x 方向。声源、接收器和传播介质不动时,在 x 方向传播的声波的数学表达式为

$$p = p_0 \cos(\omega t - \omega x / c_0) \tag{5.18.1}$$

(1) 声源运动速度为 V_s,介质和接收点不动。

设声速为 c_0,在时刻 t,声源移动的距离为

$$V_s(t - x/c_0)$$

因而声源实际的距离为

$$x = x_0 - V_s(t - x/c_0)$$

则

$$x = (x_0 - V_s t)/(1 - M_s) \tag{5.18.2}$$

其中 $M_s = V_s/c_0$ 为声源运动的马赫数,声源向接收点运动时 V_s(或 M_s)为正,反之为负,将式 (5.18.2) 代入式 (5.18.1) 得

$$p = p_0 \cos\left\{ \frac{\omega}{1 - M_s} \left(t - \frac{x_0}{c_0} \right) \right\}$$

可见接收器接收到的频率变为原来的 $\dfrac{1}{1 - M_s}$,即

$$f_s = \frac{f}{1 - M_s} \tag{5.18.3}$$

(2) 声源、介质不动,接收器运动速度为 V_r,同理可得接收器接收到的频率:

$$f_r = (1 + M_r)f = \left(1 + \frac{V_r}{c_0} \right) f \tag{5.18.4}$$

其中 $M_r = V_r/c_0$ 为接收器运动的马赫数,接收器向着声源运动时(距离缩短)V_r(或 M_r)为正,反之为负。

(3) 介质不动,声源运动速度为 V_s,接收器运动速度为 V_r,可得接收器接收到的频率:

$$f_{rs} = \frac{1 + M_r}{1 - M_s} f \tag{5.18.5}$$

(4) 介质运动,设介质运动速度为 V_m,得

$$x = x_0 - V_m t$$

根据式 (5.18.1) 可得

$$p = p_0 \cos\left\{ (1 + M_m)\omega t - \frac{\omega}{c_0} x_0 \right\} \tag{5.18.6}$$

其中 $M_m = V_m/c_0$ 为介质运动的马赫数。介质向着接收点运动时 V_m(或 M_m)为正,反之为负。可见若声源和接收器不动,则接收器接收到的频率为

$$f_m = (1 + M_m)f \tag{5.18.7}$$

还可看出,若声源和接收器相对静止,则发射的频率与接收的频率相同。

2. 超声波与压电陶瓷换能器

频率高于 20kHz 的机械振动在弹性介质中传播形成超声波,超声波与声波在同一种介质

中具有相同的传播速度,而超声波的波长短,易于定向发射。声速实验所采用的声波频率一般都在 20～60kHz 之间,在此频率范围内,采用压电陶瓷换能器作为声波的发射器、接收器效果最佳。图 5.18.1 为压电陶瓷超声波换能器的结构示意图。

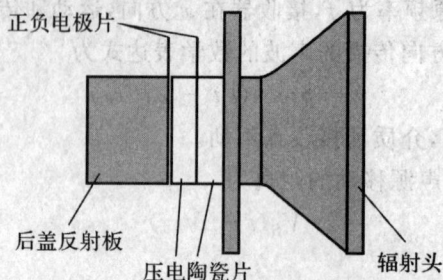

图 5.18.1 压电陶瓷换能器的结构

实验装置按图 5.18.2 所示,图 5.18.2 中 1 和 2 为压电陶瓷换能器。换能器 1 作为声波发射器,它由信号源供给频率为数十千赫兹的交流电信号,由逆压电效应发出平面超声波;而 2 则作为声波的接收器,通过压电效应将接收到的声压转换成电信号。将它输入示波器,我们就可看到一组由声压信号产生的正弦波形。

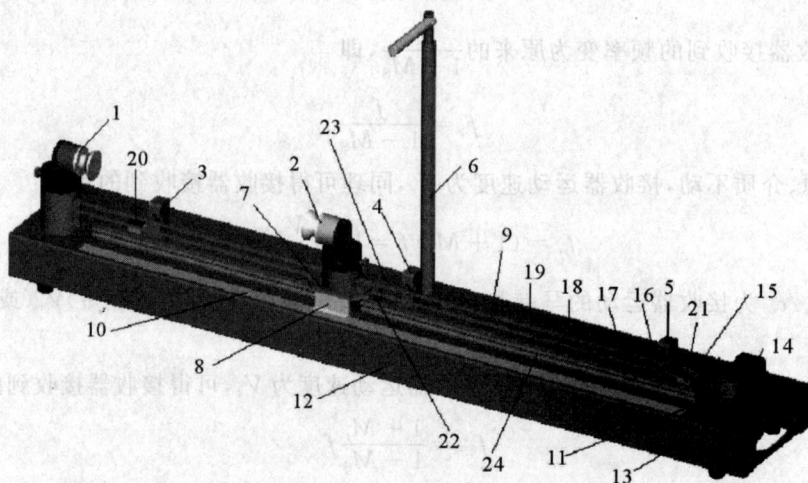

图 5.18.2 运动系统结构示意图

1—发射换能器; 2—接收换能器; 3,5—左右限位保护光电门; 4—测速光电门
6—接收线支撑杆; 7—小车; 8—游标; 9—同步带; 10—标尺; 11—手动转轮
12—底座; 13—复位开关; 14—步进电机; 15—电机开关; 16—电机控制
17—限位; 18—光电门Ⅱ; 19—光电门Ⅰ; 20—左行程开关; 21—右行程开关
22—行程开关触发撞块; 23—挡光板; 24—运动导轨

【实验仪器】

实验仪器由实验仪、智能运动控制系统和测试架三个部分组成。实验仪由信号发生器和接收器、功率放大器、微处理器、液晶显示器等组成。智能运动控制系统由步进电机、电机驱动控制模块、单片机系统组成,用于控制载有接收换能器的小车的速度。测试架由底座、超声发

射换能器、导轨、载有超声接收器的小车、步进电机、传动系统、光电门等组成。

在验证多普勒效应和直射式测声速时,超声发射器和接收器面对面平行对准;在反射式测量时,超声发射器和接收器应转一定的角度,使入射角度近似等于反射角。

各部分的使用情况如下。

1. 多普勒效应及声速综合实验仪(见图 5.18.3)

开机时或按复位键时显示:"欢迎使用多普勒效应及声速综合实验仪"。

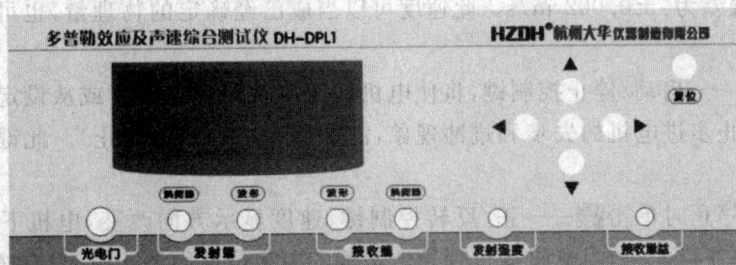

图 5.18.3　多普勒效应及声速综合测试仪面板图

按"确认"键(即中心键)后显示主菜单:"时差法测声速""多普勒效应实验""变速运动实验""数据查询"。

按"▲""▼"键选择不同的任务,按"确认"键进入:"多普勒效应实验"。

"设置源频率":"▶""◀"增减信号频率,按动一次变化 10 Hz;

"瞬时测量":测量通过光电门时的平均频率及平均速度;

"动态测量":不用光电门测得的动态频率(频率计);

"返回",按"确认"键返回主菜单。

2. 智能运动控制系统(见图 5.18.4)

用于控制装载压电陶瓷换能器小车的启动、停止及小车作匀速运动的速度。此外,内建了七种变速运动模式:从零加速,后减速到零;再反向从零加速,后减速到零……不停循环。

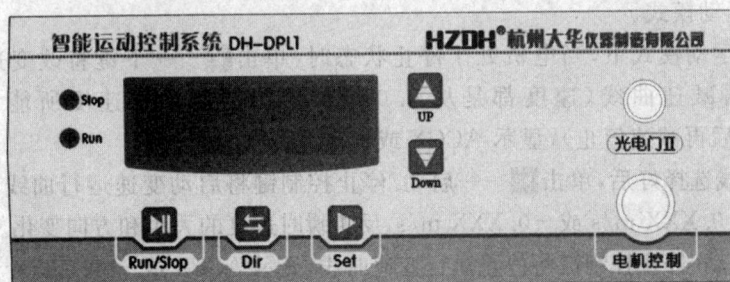

图 5.18.4　智能运动控制系统面板图

为了防止小车运动时超出安全范围,设计有小车限位功能,该功能由光电门限位和行程开关控制组成。当小车运动到导轨两侧的限位光电门处时,根据设置不同的运行方式,小车会自行停止运行或反向运行;当因误操作致使小车越过光电门后,会触发行程开关,使系统复位停车,此时小车被锁住,需要切断测试架上的电机开关按钮,移动小车到导轨中央位置后再接通电机开关按钮,接着按一下复位开关即可使智能运动控制系统恢复正常。

注意:为了保证电机运动状态的准确性,开启电源时必须确保小车起始位置在两限位光电门之间。

(1)在匀速运动模式下,即显示速度 V 为 0.XXX m/s 或－0.XXX m/s("－"表示方向为负,向右),单击▶键,进入速度设定模式,显示速度 V 为 0.XXX m/s 或－0.XXX m/s,并且高位"0"处于闪烁状态;这时再按▲键(速度增加)或▼键(速度减小)来对速度的大小进行设定,设定好后再单击▶键进行确定。

速度显示误差为:±0.002 m/s。此速度可以当成已经确定的物理量,也可以用外部测速装置来测量。

(2)单击▶❙——启动/停止控制键,将使电机加速启动到设定速度或从设定速度减速到停止运行(为了防止步进电机的失步和过冲现象,需加速启动和减速停止)。此键在小车运行时才有效。

(3)在电机停止时单击⇄——正/反转控制键,速度显示方向改变,电机下次的运行方向将会改变。需要注意的是,当电机运行到导轨两侧的限定位置而停止时,只有按此键改变电机运行方向才可反向运行。

(4)在速度设定完毕,即显示速度 V 为 0.XXX m/s 或－0.XXX m/s 时,单击▲——上键将显示上次电机运行的距离 D,显示为 XXX.XX mm 用于时差法测声速,再次单击此键将停止查看,恢复原来速度显示数。在查看的过程中,其他键盘将失效。

(5)在速度设定完毕,单击▼——下键将进入最小步进距离 L 设定,显示 L0.XXX mm,并且最低位开始闪烁;此时按▲加键(加 1)或▶减键(减 1)来对该位的大小进行设定;再次单击▼——下键,向左移位闪烁,再按▲加键(加 1)或▶减键(减 1)来对该闪烁位的大小进行设定……依次对各位进行设定,继续单击▼——下键,直到自动显示速度 V 为 0.XXX m/s 或－0.XXX m/s 时,表示设定完毕。最大步进距离可设定到 0.300mm,最小为 0.050mm,初始设定值为 0.102mm,具体设定方法见速度设定说明。

(6)在速度设定完毕后,按下▶键不放,直到数码管显示 ACCX 或－ACCX 时再释放,即可进入变速运动模式;再次按▶键不放直到显示速度 V 为 0.XXX m/s 或－0.XXX m/s 时将返回原来匀速运动模式。

(7)在变速运动模式下,当电机处于停止状态时,单击▼——下键将改变速度曲线,总共有 7 条先加速再减速曲线(速度都是从 0.000 m/s 加速到系统速度所能设定的最大值(0.475 m/s)然后再减速停止),显示 ACCX 或－ACCX,X 为 1～7。

(8)速度曲线选择好后,单击▶❙——启动/停止控制键将启动变速运行曲线,运行的过程中将显示瞬时速度 0.XXX m/s 或－0.XXX m/s,反映瞬时速度的大小和方向变化。运动过程中再次单击▶❙——启动/停止控制键将停止运行变速曲线,显示 ACCX 或－ACCX,X 为 1～7。

(9)在变速运动模式下,当电机不运行时,单击⇄——正/反转控制键,变速运动速度显示方向改变,电机下次的运行方向将会改变。

(10)当变速运动停止时显示 ACCX 或－ACCX,单击▲键将显示上次变速运行的距离 D,当 0 mm$<D<$1 000 mm 时显示 XXX.XX mm;当 1 000 mm$<D<$10 000 mm 时显示 XXXX.X mm;10 000 mm$<D<$100 000 mm 时显示 XXXXX mm。

3.速度设定说明

(1)启动电机开始运行时,要先将固定接收换能器的小车置于导轨中间,即两个限位光电门之间的位置,然后按一下控制器后面的复位键或测试架上面的复位键即可做实验,若运动模式切换,需再重复上面操作,确保初始运动状态正确。

在匀速运动模式下,限位停车后,要按 ⬒ 键改变电机运行方向后方可再按 ▶ 键启动;在变速运动模式下,到限位位置后,电机运行方向将自动改变且继续运行,按启动/停止键 ▶ 才可停止运行。

若小车越限触发行程开关后,小车将停车,此时小车被锁住,需要切断测试架上的电机开关按钮,移动小车到导轨中央位置后再接通电机开关按钮,接着按一下复位开关即可。

(2)7 条加速曲线都是先从 0 加速到最大速度 V,然后再减速到 0;然后反向再从 0 加速到最大速度 V,再减速到 0。

(3)通过外部测距来校对设定电机最小步进距离 L。先设定一个速度,使电机匀速运行,运行一段距离后停车,记下控制器中显示的运行距离 D 和小车实际运行的距离 S(从标尺上读出)。由于步进电机运行的步数一定,设原最小步进为 L,需设定的最小步进为 LS,则有 $D/L=S/LS$。把计算出的 LS 值设入系统,那么下次运行距离显示值即为实际测量值。本系统已预置一个参考值 $L=0.102$ mm,可以通过多次实验设定该值。

【实验内容与要求】

(1)测量波源静止、接受器运动时,多普勒效应引起的频率变化。

把测试架上收发换能器(固定的换能器为发射,运动的换能器为接受)及光电门 I 连在实验仪上的相应插座上,实验仪上的"发射波形"及"接收波形"与普通双路示波器相接,将"发射强度"及"接收增益"调到最大;将测试架上的光电门 II、限位及电机控制接口与智能运动控制系统相应接口相连;将智能运动控制系统"电源输入"接实验仪的"电源输出"。线路连接示意图见图 5.18.5,开机后可进行下面的实验。

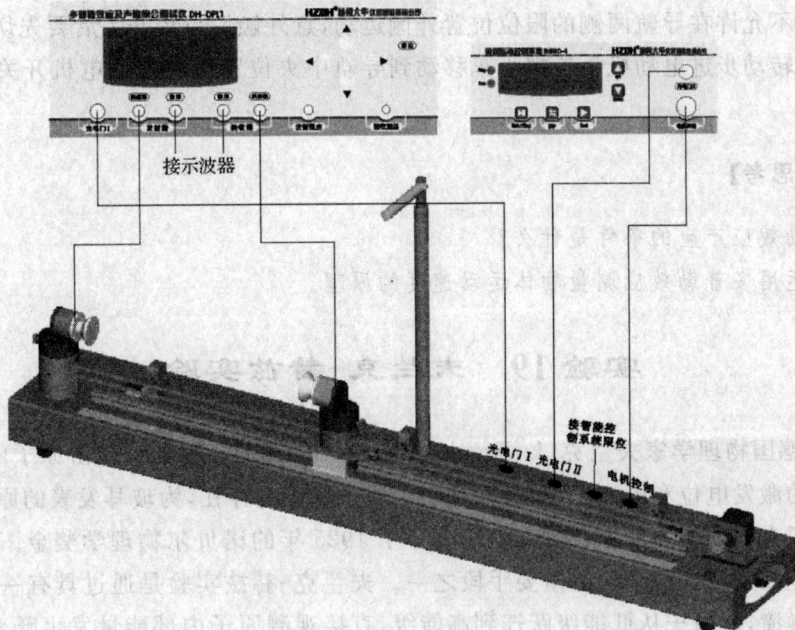

图 5.18.5　线路连接示意图

进入"多普勒效应实验"画面后,先"设置源频率",用"▶""◀"增减信号频率,一次变化10Hz,同时观察示波器的波形,当接收波幅达最大时,说明接收与发射换能器出于共振状态,采用该源频率进行实验。

接着转入"瞬时测量",确保小车在两限位光电门之间后,开启智能运动控制系统电源,设置匀速运动的速度,使小车运动,测量完毕后,可得到过光电门时的信号频率,多普勒频移及小车运动速度。

改变小车速度,反复多次测量,做出接收频率随运动速度变化的关系曲线。改变小车的运动方向,再改变小车速度,反复多次测量,做出接收频率随运动速度变化的关系曲线。

然后转入"动态测量",记下不同速度时换能器的接受频率变化值。注意:动态测量仅限于小车运动速度较低时。

改变小车速度,反复多次测量,做出接收频率随运动速度变化的关系曲线。改变小车的运动方向,再改变小车速度,反复多次测量,做出接收频率随运动速度变化的关系曲线。

动态法可更直接的测量多普勒效应引起的频率变化。

(2)测量波源运动、接受器静止时,多普勒效应引起的频率变化。

对换发射换能器和接收换能器的信号线到多普勒效应实验仪的接头,以运动的换能器为发射器,固定的换能器为接收器。测量多普勒效应引起的频率变化。

【注意事项】

(1)使用时,应避免信号源的功率输出端短路。

(2)注意仪器部件的正确安装、线路正确连接。

(3)仪器的运动部分是由步进电机驱动的精密系统,严禁人为阻碍小车的运动。

(4)注意避免传动系统的同步传动带受外力拉伸或人为损坏。

(5)小车不允许在导轨两侧的限位位置外侧运动,意外触发行程开关后要先切断测试架上的电机开关,转动步进电动机手轮把小车移动到导轨中央位置后再接通电机开关并且按一下复位键即可。

【分析与思考】

1.多普勒效应产生的条件是什么?

2.试述运用多普勒效应测量物体运动速度的原理。

实验 19　夫兰克-赫兹实验

1914 年德国物理学家夫兰克(J. Frank)和赫兹(G. Hertz)用电子轰击原子的办法,观察测量到了汞的激发电位和电离电位,从而证明了原子能级的存在,为玻耳发表的原子结构理论的假说提供了有力的实验证据,为此,他们分享了 1925 年的诺贝尔物理学奖金。他们的实验方法至今仍是探索原子的结构的重要手段之一。夫兰克-赫兹实验是通过具有一定能量的电子与原子相碰撞,使原子从低能级跃迁到高能级,直接观测原子内部能量发生跃变,证明原子能级的存在及玻耳理论的正确性。

【实验目的】

1. 了解夫兰克-赫兹实验原理；
2. 学会测量原子氩(汞)的第一激发电位，验证原子能级的存在；
3. 学会测量原子氩(汞)的电离电位和高激发电位。

【实验原理】

电子与原子的碰撞过程可用以下方程描述：

$$\frac{1}{2}m_{e}v^2 + \frac{1}{2}MV^2 = \frac{1}{2}m_{e}v_1^2 + \frac{1}{2}MV_1^2 + \Delta E \tag{5.19.1}$$

式中，m_{e} 为电子质量；M 为原子质量；v 为电子碰撞前的速度；V_1 为电子碰撞后的速度；V 为原子碰撞前的速度；V_1 为原子碰撞后的速度；ΔE 为原子碰撞后内能的变化量。

按照波耳原子能级理论，E_0 表示原子基态能量，E_1 表示原子第一激发态能量

$$\Delta E = \begin{cases} 0 & \text{弹性碰撞} \\ E_1 - E_0 & \text{非弹性碰撞} \end{cases} \tag{5.19.2}$$

电子碰撞前的动能 $m_{e}v^2/2 < E_1 - E_0$ 时，电子与原子的碰撞为完全弹性碰撞，$\Delta E = 0$，原子仍停留在基态。电子只有在加速电场的作用下碰撞前获得的动能 $m_{e}v^2/2 \geqslant E_1 - E_0$，才能与原子产生非弹性碰撞，使原子获得某一值 $(E_1 - E_0)$ 的内能从基态跃迁到第一激发态，调整加速电场的强度，电子与原子由弹性碰撞到非弹性碰撞的变化过程将在电流上显现出来。实验采用的充氩四极夫兰克-赫兹管实验原理如图 5.19.1 所示。第一栅极(G_1)与阴极(K)之间的电压 V_{G1K} 约 1.5V，其作用是消除空间电荷对阴极(K)散射电子的影响。当灯丝(H)加热时，热阴极(K)发射的电子在阴极(K)与第二栅极(G_2)之间正电压 V_{G2K} 形成的加速电场作用下被加速而取得越来越大的动能，并与 G_2K 空间分布的气体氩原子发生如式(5.19.1)所描述的碰撞。

在起始阶段，V_{G2K} 较低，电子的动能较小，在运动过程中与氩原子的碰撞为弹性碰撞。碰撞后到达第二栅极(G_2)的电子具有动能 $m_{e}v^2/2$ 大于 eV_{AG2} 的电子才能到达阳极(A)形成阳极电流 I_A，这样，I_A 将随着 V_{G2K} 的增加而增大，如图 5.19.2 中 I_A-V_{G2K} 曲线 Oa 段所示。

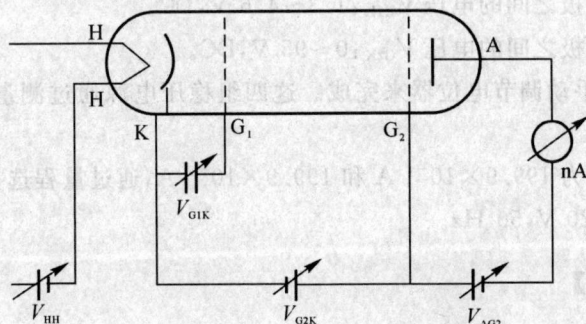

图 5.19.1　夫兰克-赫兹管原理图

当 V_{G2K} 达到氩原子的第一激发电位 11.6V 时，电子与氩原子在第二栅极附近产生非弹性碰撞，电子把从加速电场中获得的全部能量传递给氩原子，使氩原子从较低能级的基态跃迁到

较高能级的第一激发态。而电子本身由于把全部能量传递给了氩原子,即使它能穿过第二栅极也不能克服 V_{AG2} 形成的减速电场的拒斥作用而被斥回到第二栅极,所以阳极电流将显著减少,随着 V_{G2K} 的继续增加,产生非弹性碰撞电子越来越多,I_A 将越来越小,如图 5.19.2 曲线 ab 段所示,直至 b 点形成 I_A 的谷值。

b 点以后继续增加 V_{G2K},电子在 G_2K 空间与氩原子碰撞后到达 G_2 时的动能足以克服 V_{AG2} 减速电场的拒斥作用而到达阳极(A)形成阳极电流 I_A,与 Oa 段类似,形成图 5.19.2 曲线 bc 段。

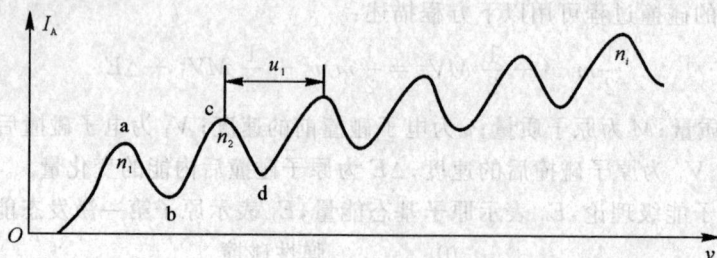

图 5.19.2 I_A-V_{G2K} 曲线

直到 V_{G2K} 为 2 倍氩原子的第一激发电位时,电子在 G_2K 空间又会因第二次非弹性碰撞而失去能量,因此又形成第二次阳极电流 I_A 的下降,如图 5.19.2 曲线 cd 段,依此类推,I_A 随着 V_{G2K} 的增加而呈周期性的变化如图 5.19.2 所示。相邻两峰(或两谷)对应的 V_{G2K} 值之差即为氩原子的第一激发电位值。

【实验仪器】

本实验仪采用分体式结构,由电源和充氩气的夫兰克-赫兹管箱组成,两者之间通过九根连接线相接,有利于学员对该实验的原理认识及动手能力的培养。电源部分由四组可调的稳压电源及两挡量程的微电流测量组成。其主要技术参数如下:

(1)灯丝加热电压 V_{HH}:1.3~6.3 V,DC。

(2)拒斥场电压 V_{AG2}:1.3~11.2 V,DC。

(3)第一栅极与阴极之间的电压 V_{G1K}:1.3~4.6 V,DC。

(4)第二栅极与阴极之间的电压 V_{G2K}:0~95 V,DC。

可以自动扫描和手动调节电位器来完成。这四组稳压电源通过测量选择开关的选通,由数显电压表显示。

(5)微电流的量程为 199.9×10^{-8} A 和 199.9×10^{-9} A,通过量程选择开关选择。

(6)电源输入为 220 V,50 Hz。

【实验内容与要求】

(1)将夫兰克-赫兹实验仪前面板上的 V_{HH} 电源调节电位器反时针方向旋转到头。

(2)接线连接,注意各组电压的正、负极。

(3)开启电源开关(指示灯亮),两表头有显示。将测量选择开关置于 V_{HH} 处,慢慢顺时针旋转电位器,观察数显电压表,使其达到 3 V 左右为止。依次调节 V_{AG2} 为 8 V 左右,V_{G1K} 为

1.7 V左右。V_{G2K}置自动挡,微电流置10^{-8} A处,随V_{G2K}扫描电压的升高,观察电流表,应出现图 5.19.2 所示的周期性的大小变化。

(4)V_{G2K}置于手动挡,测量 I_A-V_{G2K}对应值。

(5)用所测数据,描绘 I_A-V_{G2K}曲线。

(6)相邻 I_A 的谷值(或峰值)所对应的V_{G2K}之差,就是氩原子的第一激发电位。

(7)为提高测量精度,比如可测量第一个谷值与第五个谷值所对应的V_{G2K}之差,取相邻谷值所对应的V_{G2K}之差的平均数。

(8)消除本底电流等因素对实验结果的影响。

事实上,由于顺次激发、光电效应、二次电子发射、第二类非弹性碰撞、光致激发和光致电离的存在,使过程变得很复杂,接触电势、弹性碰撞损失等对曲线的影响也是不可忽略的因素,由于阴极发射的电子能量有一个分布,使得在峰值附近曲线的变化缓慢,加之 I_F 与 V_{G2A} 在没有 Ar 的情况下有 3/2 指数关系,从而将形成本底存在,这些都会影响对曲线峰位的判断,不过选择合适的工作条件及合理的数据处理方法,仍可得到满意的结果。

为消除上述因素的影响,正确求得被测氩原子的第一激发电位,必须对实验曲线进行适当的数据处理,现介绍几种处理方法:

(1)计算各峰间距的算术平均值,作为第一激发电位。

由于空间电荷对加速电压的屏蔽作用和氩蒸气与热阴极金属氧化物之间有接触电势差存在,若取第一个峰值为起始点(而不是从坐标原点为起始点),则可消除接触电势的影响,测量出各相邻峰间距,并以其算术平均值作为第一激发电位。

(2)消除本底电流的影响。

激发电位曲线各极小点的值一般不为零,且随加速电压的增加而上升,这是由于未参与激发原子的电子、二次发射电子以及少数速度很大的电子使原子电离,形成本底电流的结果,由于这些电子的存在,在激发电位曲线上,屏流极小值出现在比真实激发电位稍低处,使激发电位曲线的吸收峰发生位移,消除本底电流的方法是作一条连接激发电位曲线各极小点的平滑曲线,求得二曲线的相差曲线,从相差曲线的峰间距或从相差曲线各峰半宽度中点的间距求第一激发电位,如图 5.19.3 所示。

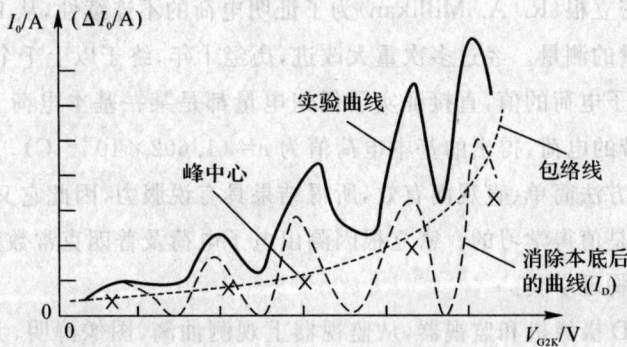

图 5.19.3 消除本底电流的关系曲线

(3)由实验曲线的微分曲线求结果。

由于从灯丝发出热电子速度具有统计分布,使得实验曲线的峰有一定宽度的分布,它给峰位的确定造成误差,为消除这种影响,将实验曲线微分,由微分曲线各极小点间距确定激发电位(对应于原曲线各拐点)。

(4)由差曲线求结果。

保持其他实验条件不变,作出 $V_{AG2}=V_1$ 和 $V_{AG2}=V_1+\Delta V$(例如 $\Delta V=0.1\sim0.5V$)情况下的两条曲线,或者保持其他条件不变,作出 $V_{G1K}=V_2$ 和 $V_{G1K}=V_2+\Delta V$ 时的两条曲线,并从它们的差曲线求第一激发电位,在上述条件下,除了屏流的大小不同外,其他诸因素的影响相同,因而求差曲线后,抵消了这些因素的影响,提高了能量分辨率。

【注意事项】

1.调节 V_{G2K} 和 V_{HH} 时应注意 V_{G2K} 和 V_{HH} 过大会导致氩原子电离而形成正离子到达阳极,使阳极电流 I_A 突然骤增。直至将夫兰克-赫兹管烧毁。所以,一旦发现 I_A 突增,应迅速关闭电源开关,5 min 以后重新开机。这是由于原子电离后的自持放电量是自发的,此时将 V_{G2K} 和 V_{HH} 调至零都是无济于事的。

2.图 5.19.2 I_A-V_{G2K} 曲线的变化对调节 V_{HH} 的反应较慢,所以,调节 V_{HH} 时一定要缓慢进行,不可操之过急,峰谷幅度过低,增加 V_{HH},一旦出现波形上端切顶则降低 V_{HH}。

3.为了让学员直接看清夫兰克-赫兹管,管子直接露在外边,但氩气管是玻璃制品,属易碎元件,请注意不要用硬东西直接碰撞此管,以免破损!

【分析与思考】

1.用夫兰克-赫兹实验原理解释 I_A-V_{G2K} 曲线形成原因。

2.测试条件电压 V_F 改变作出的 I_A-V_{G2K} 曲线的峰谷值数量会有明显不同,是何原因?

实验 20　密立根油滴实验

美国物理学家密立根(R. A. Millikan)为了证明电荷的不连续性,从 1906 到 1917 年一直致力于细小油滴电量的测量。经过多次重大改进,历经十年,终于以上千个油滴的确凿实验数据,精确地测定了电子电荷的值,直接证实了任何电量都是某一基本电荷 e 的整数倍,这个基本电荷就是电子所带的电荷,得出的基本电荷值为 $e=(1.602\times10^{-19}$ C)。由于这个实验的原理清晰易懂,设备和方法简单、直观而有效,所得结果具有说服力,因此它又是一个富有启发性的实验,其设计思想是值得学习的。密立根因测出电子电荷及普朗克常数测定方面的贡献,荣获 1923 年度诺贝尔物理学奖。

本实验采用 CCD 摄像机和监视器,从监视器上观测油滴,图像鲜明,大大改善观测条件,使测量更为准确。

【实验目的】

(1)熟悉密立根油滴仪调整方法与用途,通过仪器调整、油滴选择、跟踪、测量及数据处理

等,培养科学的实验方法与态度;

(2)通过对带电油滴在重力场和静力场中运动的测量,证明电荷的不连续性,并测定基本电荷的大小。

【实验原理】

如图 5.20.1 所示,带电油滴处于电场中时受到两个力的作用,一个是重力 mg,一个是静电力 qE,而 $E=V/d$,V 为平行板电场两板之间的电势差,d 为两极板之间的距离。调节 V 使带电油滴静止,这时

$$mg = \frac{qV}{d} \tag{5.20.1}$$

可见要测出 q,除了测定 V 和 d 外还要测定油滴质量。由于 m 很小,需要用如下的特殊方法来测定。

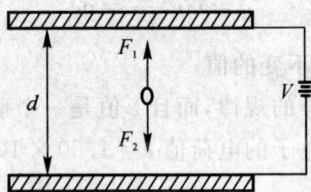

图 5.20.1 油滴受力分析

在没有电场的空间,油滴受重力作用而下降,但空气的黏滞性使油滴产生与速度成正比的阻力。当油滴的速度达到某一值 v 时,阻力与重力平衡(忽略空气浮力),这时由斯托克斯定理知

$$f_r = 6\pi a\eta v = mg \tag{5.20.2}$$

η 是空气的黏滞系数,a 是油滴半径。设油滴的密度为 ρ,则 m 又可表为

$$m = \frac{4}{3}\pi a\rho \tag{5.20.3}$$

合并式(5.20.2)、式(5.20.3) 得

$$a = \sqrt{\frac{9\eta v}{2\rho g}} \tag{5.20.4}$$

对于半径小到 10^{-6} 米的油滴,它的半径与空气中分子之间的距离可以比较,空气介质不能认为是连续的,故斯托克斯定理修正为

$$f_r = \frac{6\pi a\eta v}{1 + \dfrac{b}{pa}}$$

式中,b 为修整常数,$b = 8.23 \times 10^{-3}\text{m} \cdot \text{Pa}$,$p$ 为大气压强。于是 a 变为

$$a = \sqrt{\frac{9\eta v}{2\rho g} \cdot \frac{1}{1+b/pa}} \tag{5.20.5}$$

上式根号中的 a 处于修正项中,可用式(5.20.4)代入计算,将式(5.20.5)代入式(5.20.3)得

$$m = \frac{4}{3}\pi \left[\frac{9\eta v}{2\rho g} \frac{1}{\left(1+\frac{b}{pa}\right)} \right]^{\frac{3}{2}} \rho \qquad (5.20.6)$$

对于匀速下降的油滴,v 可以用下降的距离 l 和所需的时间 t 来计算,即

$$v = \frac{l}{t} \qquad (5.20.7)$$

将式(5.20.7)代入式(5.20.6),再代入式(5.20.1)有

$$q = \frac{18\pi}{\sqrt{2\rho g}} \left[\frac{\eta l}{t\left(1+\frac{b}{pa}\right)} \right]^{\frac{3}{2}} \frac{d}{V} \qquad (5.20.8)$$

此式是平衡法测量油滴电荷计算公式。

实验发现对于同一油滴,如果改变它所带的电量,则能使它平衡的电压必须是某些特定的值 V_n。研究这些电压变化的规律,可以发现,满足下列方程

$$q = mg\frac{d}{V_n} = ne$$

式中 $n = \pm1, \pm2, \cdots$,而 e 则是一个不变的值。

对于每一颗油滴可以发现同样的规律,而且 e 值是一个确定的常数,这就证明了电荷的不连续性,并存在最小电荷单位,即电子的电荷值 $e = 1.60 \times 10^{-19}$ C。

则式(5.20.8)可改为

$$ne = \frac{18\pi}{\sqrt{2\rho g}} \left[\frac{\eta l}{t\left(1+\frac{b}{pa}\right)} \right]^{\frac{3}{2}} \frac{d}{V_n} \qquad (5.20.9)$$

公式中 ρ, η 都是温度 T 的函数,g, P 随地点、条件变化而变化,为计算方便,不考虑 $\rho, \eta, g,$ P 的变化,以上各式中的有关参数为

$\rho = 981$ kg/m³ $\qquad g = 9.80$ m/s² $\qquad \eta = 1.83 \times 10^{-5}$ kg/(m·s)

$b = 8.23 \times 10^{-3}$ Pa·m $\quad P = 101\,325$ Pa $\qquad d = 5.00 \times 10^{-3}$ m

分划板每格代表 0.25×10^{-3} m,l 等于格数与其的乘积。把测得的 V, t 代入上式就可以求得油滴所带的电量 q。

公式中 ρ, η, g, P, b, d 取以上参考值,且取 $l = 1.5$ mm 时,公式(5.20.9)可变为下式:

$$ne = \frac{9.288 \times 10^{-15}}{\left[t(1+0.02\sqrt{t})\right]^{\frac{3}{2}}} \frac{1}{V} \qquad (5.20.10)$$

求基本电荷 e 值的方法很多,这里我们只介绍一种,就是用公认的电子电荷值 $e = 1.602 \times 10^{-19}$ C 去除实验测得的电量值 q,得到一个很近似于某一整数的数值,并取整数,这个整数就是油滴所带的电荷值 $q = ne$ 中的 n,用这个 n 去除实验测得的电荷值,所得结果即为实验测得的基本电荷 e 值,求出 e 的平均值并计算平均相对误差。

【实验仪器】

密立根油滴仪、喷雾器、黑白视频监视器、供电箱。

密立根油滴实验装置如图 5.20.2 所示。

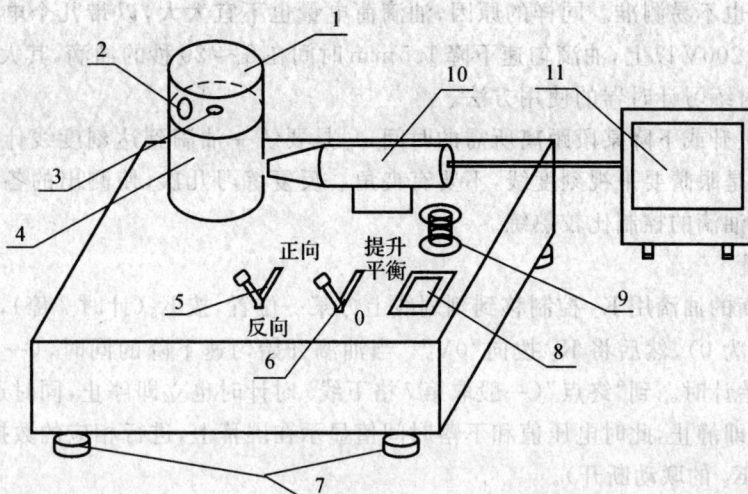

图 5.20.2　密立根油滴实验装置

1—油雾室；　2—喷油雾孔；　3—油滴入孔；　4—油室；　5—电压换向开关 K_1；　6—油滴控制开关 K_2；

7—可调底角；　8—计时按钮 K_3；　9—电压调节旋钮 W；　10—CCD 系统；　11—显示器

（其中：油室中装有一平行板电容器，上下极板间距 6mm。）

【实验内容与要求】

1. 仪器调整

（1）调节机箱下的四个调平手轮，使水准仪的气泡居于中央，此时平行电极板处于水平。

（2）电源接通后，试验各开关运行情况，正式测量前预热 5 分钟以上，使电压稳定。

（3）照明光路不需调整。CCD 显微镜对焦也不需用调焦针插在平行电极孔中来调节，只需将显微镜筒前端和底座前端对齐，然后喷油后再稍稍前后微调即可。在使用中，前后调焦范围不要过大，取前后调焦 1 mm 内的油滴较好。

（4）面板上 K_1 用来选择平行电极上极板的极性，实验中置于 + 位或 − 位置均可，一般不常变动。使用最频繁的是 K_2 和 W 及"计时／停"（K_3）。

（5）监视器门前有一小盒，压一下小盒盒盖就可打开，内有 4 个调节旋钮。对比度一般置于较大（顺时针旋到底或稍退回一些），亮度不要太亮。如发现刻度线上下抖动，这是"帧抖"，微调左边起第二只旋钮即可解决。

2. 测量前的练习

练习是顺利做好实验的重要一环，包括练习控制油滴运动、练习测量油滴运动时间和练习选择合适的油滴。

将油喷入油雾杯，从荧屏视场可见许多油滴匀速降落，加平衡电压 150 V 到 300 V 左右，换向开关扳在上或下挡以驱走不需要的油滴，直到剩下几个缓慢运动的，注视其中某一颗，仔细调节使它静止，去掉电压它又匀速降落，在平衡电压上加以升降电压时，油滴又上升运动，反复多次练习，掌握控制油滴的技巧。

选择合适的油滴是做好本实验的关键。因为大油滴质量太大，油滴比较明亮，一般带电量较多，下降速度太快，不易测准；油滴太小，质量太小，则布朗运动明显，且易受热扰动的影响，引起涨落较大,也不易测准。同样的原因,油滴荷电量也不宜太大,以带几个电子电荷为宜。通常选择 V_n 在200V以上,油滴匀速下降1.5mm时间在8~20秒的油滴,其大小和带电量都比较合适。同时练习计时器的使用方法。

测准油滴上升或下降某段距离所需的时间,一是要统一油滴到达刻度线什么位置才认为油滴已踏线,二是眼睛要平视刻度线,不要有夹角。反复练习几次,使测出的各次时间的离散性较小,并且对油滴的控制比较熟练。

3. 正式测量

将已调平衡的油滴用 K_2 控制移到刻划线上方某一位置,按 K_3(计时/停),让计时器停止计时(值未必要为0),然后将 K_2 拨向"0V",当油滴开始匀速下降的同时,(一般取第2格上线),计时器开始计时。到"终点"(一般取第7格下线)时计时也立即停止,同时迅速将 K_2 拨向"平衡",油滴立即静止,此时电压值和下落时间值显示在屏幕上,进行相应的数据处理即可(注意:要将 K_2 与 K_3 的联动断开)。

4. 测量结果及数据处理要求

将测量结果填写在表格,依据平衡法公式 $ne = \dfrac{9.288 \times 10^{-15}}{\left[t(1 + 0.02\sqrt{t}) \right]^{\frac{3}{2}}} \dfrac{1}{V}$ 计算电量 q,判断电荷数 n,再计算 e,和 e 的标准值进行比较,进而计算测量的绝对误差和相对误差。

计算出各油滴的电荷数后,求它们的最大公约数,即为基本电荷 e 值。若求最大公约数有困难,可用作图法求 e 值。设实验得到 m 个油滴的带电量分别为 $q_1, q_2, \cdots, q_m$,由于电荷的量子化特性,应有 $q_i = n_i e$,此为一直线方程,n 为自变量,q 为因变量,e 为斜率。因此 m 个油滴对应的数据在 $n \sim q$ 坐标中将在同一条过圆点的直线上,若找到满足这一关系的直线,就可用斜率求得 e 值。

【注意事项】

(1) 在跟踪油滴时应随时调节显微镜位置,保证油滴处于清晰状态。

(2) 选择油滴的平衡电压最好在200V以上,下落时间最好在10秒至20多秒之间。

(3) 实验过程中要有耐心,保证油滴不丢失。

(4) 喷油时,只喷一两下即可,防止小孔被堵。

【分析与思考】

1. 如何判断油滴盒内两平行极板是否水平? 不水平对实验有何影响?

2. 为什么向油雾室喷油时,一定要使电容器的两平行极板短路? 这时平衡电压的换向开关置于何处?

3. 对实验结果造成影响的主要因素有哪些?

附　录

附录 A　中华人民共和国法定计量单位

我国的法定计量单位(简称法定单位)包括:①国际单位制的基本单位(见 A-1);②国际单位制的辅助单位(见 A-2);③国际单位制中具有专门名称的导出单位(见 A-3);④国家选定的非国际单位制单位(见 A-4);⑤由以上单位构成的组合形式单位;⑥由词头和以上单位所构成的十进倍数和分数单位(见 A-5)。

A-1　国际单位制的基本单位

量的名称	单位名称	单位符号	量的名称	单位名称	单位符号
长度	米	m	热力学温度	开[尔文]	K
质量	千克(公斤)	kg	物质的量	摩[尔]	mol
时间	秒	s	发光强度	坎[德拉]	cd
电流	安[培]	A			

A-2　国际单位制的辅助单位

量的名称	单位名称	单位符号
平面角	弧度	rad
立体角	球面度	sr

A-3　国际单位制中具有专门名称的导出单位

量的名称	单位名称	单位符号	用 SI 基本单位的表示式	其他表示式例
频率	赫[兹]	Hz	s^{-1}	
力,重力	牛[顿]	N	$m \cdot kg \cdot s^{-2}$	
压力,压强,应力	帕[斯卡]	Pa	$m^{-1} \cdot kg \cdot s^{-2}$	N/m^2
能[量],功,热量	焦[耳]	J	$m^2 \cdot kg \cdot s^{-2}$	$N \cdot m$
功率,辐[射能]通量	瓦[特]	W	$m^2 \cdot kg \cdot s^{-3}$	J/s
电荷[量]	库[仑]	C	$s \cdot A$	
电位,电压,电动势,(电势)	伏[特]	V	$m^2 \cdot kg \cdot s^{-3} \cdot A^{-1}$	W/A
电容	法[拉]	F	$m^{-2} \cdot kg^{-1} \cdot s^4 \cdot A^2$	C/V
电阻	欧[姆]	Ω	$m^2 \cdot kg \cdot s^{-3} \cdot A^{-2}$	V/A

续表

量的名称	单位名称	单位符号	用 SI 基本单位的表示式	其他表示式例
电导	西[门子]	S	$m^{-2} \cdot kg^{-1} \cdot s^{3} \cdot A^{2}$	A/V
磁[通量]	韦[伯]	Wb	$m^{2} \cdot kg \cdot s^{-2} \cdot A^{-1}$	V·s
磁[通量]密度,磁感应强度	特[斯拉]	T	$kg \cdot s^{-2} \cdot A^{-1}$	Wb/m²
电感	亨[利]	H	$m^{2} \cdot kg \cdot s^{-2} \cdot A^{-2}$	Wb/A
摄氏温度	摄氏度	℃	K	
光通量	流[明]	lm	cd·sr	
[光]强度	勒[克斯]	lx	$m^{-2} \cdot cd \cdot sr$	lm/m²
[放射性]活度	贝克[勒尔]	Bq	s^{-1}	
吸收剂量	戈[瑞]	Gy	$m^{2} \cdot s^{-2}$	J/kg
剂量当量	希[沃特]	Sv	$m^{2} \cdot s^{-2}$	J/kg

A-4 国家选定的非国际单位制单位

量的名称	单位名称	单位符号	换算关系和说明
时间	分	min	1min＝60s
	[小]时	h	1h＝60min＝3 600s
	天,(日)	d	1d＝24h＝86 400s
[平面]角	[角]秒	(″)	$1''=(\pi/64\ 800)rad$(π 为圆周率)
	[角]分	(′)	$1'=60''=(\pi/10\ 800)rad$
	度	(°)	$1°=60'=(\pi/180)rad$
旋转速度	转每分	r/min	$1r/min=(1/60)s^{-1}$
长度	海里	n mile	1n mile＝1 852m(只用于航程)
速度	节	kn	1kn＝1n mile/h＝(1 852/3 600)m/s(只用于航行)
质量	吨	t	$1t=10^{3}kg$
	原子质量单位	u	$1u \approx 1.660\ 565\ 5 \times 10^{-27}kg$
体积,容积	升	L,(l)	$1L=1dm^{3}=10^{-3}m^{3}$
能	电子伏	eV	$1eV \approx 1.602\ 189 \times 10^{-19}J$
级差	分贝	dB	
线密度	特[克斯]	tex	$1tex=10^{-6}kg/m$

A-5 用于构成十进倍数和分数单位的词头

所表示的因数	词头名称	词头符号	所表示的因数	词头名称	词头符号
10^{24}	尧[它]	Y	10^{-1}	分	d
10^{21}	泽[它]	Z	10^{-2}	厘	c
10^{18}	艾[可萨]	E	10^{-3}	毫	m
10^{15}	拍[它]	P	10^{-6}	微	μ

续　表

所表示的因数	词头名称	词头符号	所表示的因数	词头名称	词头符号
10^{12}	太［拉］	T	10^{-9}	纳［诺］	n
10^9	吉［咖］	G	10^{-12}	皮［可］	p
10^6	兆	M	10^{-15}	飞［母托］	f
10^3	千	k	10^{-18}	阿［托］	a
10^2	百	h	10^{-21}	仄［普托］	z
10^1	十	da	10^{-24}	幺［科托］	y

注:1. 周、月、年(年的符号为 a),为一般常用时间单位。

2. ［　］内的字,是在不致混淆的情况下,可以省略的字。

3. ( )内的字为前者的同义语。

4. 平面角单位度、分、秒的符号,在组合单位中应采用(°),('),(")的形式。例如,不用°/s 而用(°)/s。

5. 升的两个符号属同等地位,可任意选用。

6. r 为"转"的符号。

7. 人民生活和贸易中,质量习惯称为重量。

8. 公里为千米的俗称,符号为 km。

9. 10^4 称为万,10^8 称为亿,10^{12} 称为万亿,这类数词的使用不受词头名称的影响,但不应与词头混淆。

附录 B　常用物理量数据

B-1 基本物理常量

名　称	符号、数值和单位
真空中的光速	$c = 2.997\ 924\ 58 \times 10^8\ \text{m/s}$
电子的电荷	$e = 1.602\ 189\ 2 \times 10^{-19}\ \text{C}$
普朗克常量	$h = 6.626\ 176 \times 10^{-34}\ \text{J} \cdot \text{s}$
阿伏伽德罗常量	$N_0 = 6.022\ 045 \times 10^{23}\ \text{mol}^{-1}$
原子质量单位	$u = 1.660\ 565\ 5 \times 10^{-27}\ \text{kg}$
电子的静止质量	$m_e = 9.109\ 534 \times 10^{-31}\ \text{kg}$
电子的荷质比	$e/m_e = 1.758\ 804\ 7 \times 10^{11}\ \text{C/kg}$
法拉第常量	$F = 9.648\ 456 \times 10^4\ \text{C/mol}$
氢原子的里德伯常量	$R_H = 1.096\ 776 \times 10^7\ \text{m}^{-1}$
摩尔气体常量	$R = 8.314\ 41\ \text{J/(mol} \cdot \text{k)}$
玻尔兹曼常量	$k = 1.380\ 622 \times 10^{-23}\ \text{J/K}$
洛施密特常量	$n = 2.687\ 19 \times 10^{25}\ \text{m}^{-3}$
万有引力常量	$G = 6.672\ 0 \times 10^{-11}\ \text{N} \cdot \text{m}^2/\text{kg}^2$
标准大气压	$P_0 = 101\ 325\ \text{Pa}$
冰点的绝对温度	$T_0 = 273.15\ \text{K}$
声音在空气中的速度(标准状态下)	$v = 331.46\ \text{m/s}$
干燥空气的密度(标准状态下)	$\rho_{空气} = 1.293\ \text{kg/m}^3$
水银的密度(标准状态下)	$\rho_{水银} = 13\ 595.04\ \text{kg/m}^3$
理想气体的摩尔体积(标准状态下)	$V_m = 22.413\ 83 \times 10^{-3}\ \text{m}^3/\text{mol}$
真空中介电常量(电容率)	$\varepsilon_0 = 8.854\ 188 \times 10^{-12}\ \text{F/m}$
真空中磁导率	$\mu_0 = 12.566\ 371 \times 10^{-7}\ \text{H/m}$
钠光谱中黄线的波长	$D = 589.3 \times 10^{-9}\ \text{m}$
镉光谱中红线的波长($15℃$,$101\ 325\text{Pa}$)	$\lambda_{cd} = 643.846\ 96 \times 10^{-9}\ \text{m}$

B-2 在 20℃ 时固体和液体的密度

物质	密度 $\rho/(\text{kg} \cdot \text{m}^{-3})$	物质	密度 $\rho/(\text{kg} \cdot \text{m}^{-3})$
铝	2 698.9		
铜	8 960	石英	2 500~2 800
铁	7 874	水晶玻璃	2 900~3 000
银	10 500	冰(0℃)	880~920
金	19 320	乙醇	789.4
钨	19 300	乙醚	714
铂	21 450	汽车用汽油	710~720
铅	11 350	弗利昂-12	1 329
锡	7 298	(氟氯烷-12)	
水银	13 546.2	变压器油	840~890
钢	7 600~7 900	甘油	1 260

B-3 在标准大气压下不同温度时水的密度

温度 $t/℃$	密度 $\rho/(\text{kg} \cdot \text{m}^{-3})$	温度 $t/℃$	密度 $\rho/(\text{kg} \cdot \text{m}^{-3})$	温度 $t/℃$	密度 $\rho/(\text{kg} \cdot \text{m}^{-3})$
0	999.841	16	998.943		
1	999.900	17	998.774	32	995.025
2	999.941	18	998.595	33	994.702
3	999.965	19	998.405	34	994.371
4	999.973	20	998.203	35	994.031
5	999.965	21	997.992	36	993.68
6	999.941	22	997.770	37	993.33
7	999.902	23	997.538	38	992.96
8	999.849	24	997.296	39	992.59
9	999.781	25	997.044	40	992.21
10	999.700	26	996.783	50	988.04
11	999.605	27	996.512	60	983.21
12	999.498	28	996.232	70	977.78
13	999.377	29	995.944	80	971.80
14	999.244	30	995.646	90	965.31
15	999.099	31	995.340	100	958.35

B-4 在海平面上不同纬度处的重力加速度

纬度 ϕ(度)	$g/(\text{m} \cdot \text{s}^{-2})$	纬度 ϕ(度)	$g/(\text{m} \cdot \text{s}^{-2})$
0	9.780 49		
5	9.780 88	50	9.810 79
10	9.782 04	55	9.815 15
15	9.783 94	60	9.819 24
20	9.786 52	65	9.822 94
25	9.789 69	70	9.826 14
30	9.783 38	75	9.828 73
35	9.797 46	80	9.830 65
40	9.801 80	85	9.831 82
45	9.806 29	90	9.832 21

注：表中所列数值是根据公式 $g = 9.780\,49(1 + 0.005\,288\sin^2\phi - 0.000\,006\sin^2\phi)$ 算出的，其中 ϕ 为纬度。

B-5　固体的线膨胀系数

物质	温度或温度范围/℃	$\alpha(\times 10^{-6}℃^{-1})$
铝	0～100	23.8
铜	0～100	17.1
铁	0～100	12.2
金	0～100	14.3
银	0～100	19.6
钢(0.05％碳)	0～100	12.0
康铜	0～100	15.2
铅	0～100	29.2
锌	0～100	32
铂	0～100	9.1
钨	0～100	4.5
石英玻璃	20～200	0.56
窗玻璃	20～200	9.5
花岗石	20	6～9
瓷器	20～700	3.4～4.1

B-6　在 20℃ 时某些金属的杨氏弹性模量

金　属	杨氏弹性模量 Y	
	(GPa)	(kgf/mm^2)
铝	69～70	7 000～7 100
钨	407	41 500
铁	186～206	19 000～21 000
铜	103～127	10 500～13 000
金	77	7 900
银	69～80	7 000～8 200
锌	78	8 000
镍	203	20 500
铬	235～245	24 000～25 000
合金钢	206～216	21 000～22 000
碳钢	196～206	20 000～21 000
康铜	160	16 300

注:杨氏弹性模量的值与材料的结构、化学成分及其加工制造方法有关。因此,在某些情况下,Y 的值可能与表中所列的平均值不同。

B-7-1　在20℃时与空气接触的液体的表面张力系数

液体	$\sigma(\times 10^{-3} \text{N/m})$	液体	$\sigma(\times 10^{-3} \text{N/m})$
石油	30	甘油	63
煤油	24	水银	513
松节油	28.8	蓖麻	36.4
水	72.75	乙醇	22.0
肥皂溶液	40	乙醇(在60℃时)	18.4
弗利昂-12	9.0	乙醇(在0℃时)	24.1

B-7-2　在不同温度下与空气接触的水的表面张力系数

温度/℃	$\sigma/(10^{-3}\text{N}\cdot\text{m}^{-1})$	温度/℃	$\sigma/(10^{-3}\text{N}\cdot\text{m}^{-1})$	温度/℃	$\sigma/(10^{-3}\text{N}\cdot\text{m}^{-1})$
0	75.62	16	73.34		
5	74.90	17	73.20	30	71.15
6	74.76	18	73.05	40	69.55
8	74.48	19	72.89	50	67.90
10	74.20	20	72.75	60	66.17
11	74.07	21	72.60	70	64.41
12	73.92	22	72.44	80	62.60
13	73.78	23	72.28	90	60.74
14	73.64	24	72.12	100	58.84
15	73.48	25	71.96		

B-8-1　不同温度时水的黏滞系数

温度/℃	黏滞系数 η		温度/℃	黏滞系数 η	
	$(\mu\text{Pa}\cdot\text{s})$	$(10^{-6}\text{kgf}\cdot\text{s}\cdot\text{mm}^{-2})$		$(\mu\text{Pa}\cdot\text{s})$	$(10^{-6}\text{kgf}\cdot\text{s}\cdot\text{mm}^{-2})$
0	1 787.8	182.3	60	469.7	47.9
10	1 305.3	133.1	70	406.0	41.4
20	1 004.2	102.4	80	355.0	36.2
30	801.2	81.7	90	314.8	32.1
40	653.1	66.6	100	282.5	28.8
50	549.2	56.0			

B-8-2 某些液体的黏滞系数

液体	温度/℃	$\eta/(\mu Pa \cdot s)$	液体	温度/℃	$\eta/(\mu Pa \cdot s)$
汽油	0	1 788		−20	134×10^6
	18	530	甘油	0	121×10^5
甲醇	0	817		20	$1\ 499 \times 10^3$
	20	584		100	12 945
乙醇	−20	2 780		20	650×10^4
	0	1 780	蜂蜜	80	100×10^3
	20	1 190		20	45 600
乙醚	0	296		80	4 600
	20	243	鱼肝油	−20	1 855
变压器	20	19 800		0	1 685
蓖麻油	10	242×10^4	水银	20	1 554
葵花子油	20	50 000		100	1 224

B-9 固体导热系数 λ

物质	温度/K	$\lambda/(10^2 W \cdot m^{-1} \cdot K^{-1})$	物质	温度/K	$\lambda/(10^2 W \cdot m^{-1} \cdot K^{-1})$
银	273	4.18	康铜	273	0.22
铝	273	2.38	不锈钢	273	0.14
金	273	3.11	镍铬合金	273	0.11
铜	273	4.0	软木	273	0.3×10^{-3}
铁	273	0.82	橡胶	298	1.6×10^{-3}
黄铜	273	1.2	玻璃纤维	323	0.4×10^{-3}

B-10-1 某些固体的比热容

固体	比热容/$(J \cdot kg^{-1} \cdot K^{-1})$	固体	比热容/$(J \cdot kg^{-1} \cdot K^{-1})$
铝	908	铁	460
黄铜	389	钢	450
铜	385	玻璃	670
康铜	420	冰	2 090

B-10-2 某些液体的比热容

液体	比热容/$(J \cdot kg^{-1} \cdot K^{-1})$	温度/℃	液体	比热容/$(J \cdot kg^{-1} \cdot K^{-1})$	温度/℃
乙醇	2 300	0	水银	146.5	0
	2 470	20		139.3	20

B－10－3　不同温度时水的比热容

温度/℃	0	5	10	15	20	25	30	40	50	60	70	80	90	99
比热容 /(J·kg⁻¹·K⁻¹)	4 217	4 202	4 192	4 186	4 182	4 179	4 178	4 178	4 180	4 184	4 189	4 196	4 205	4 215

B－11　某些金属和合金的电阻率及其温度系数

金属或合金	电阻率 /(10^{-6} Ω·m)	温度系数/℃⁻¹	金属或合金	电阻率 /(10^{-6} Ω·m)	温度系数/℃⁻¹
铝	0.028	42×10^{-4}	锌	0.059	42×10^{-4}
铜	0.017 2	43×10^{-4}	锡	0.12	44×10^{-4}
银	0.016	40×10^{-4}	水银	0.958	10×10^{-4}
金	0.024	40×10^{-4}	武德合金	0.52	37×10^{-4}
铁	0.098	60×10^{-4}	钢(0.10～0.15％碳)	0.10～0.14	6×10^{-3}
铅	0.205	37×10^{-4}	康铜	0.47～0.51	$(-0.04～+0.01)\times10^{-3}$
铂	0.105	39×10^{-4}	铜锰镍合金	0.34～1.00	$(-0.03～+0.02)\times10^{-3}$
钨	0.055	48×10^{-4}	镍铬合金	0.98～1.10	$(0.03～0.4)\times10^{-3}$

注：电阻率与金属中的杂质有关，因此表中列出的只是 20℃时电阻率的平均值。

B－12－1　不同金属或合金与铂(化学纯)构成热电偶的热电动势

（热端在 100℃，冷端在 0℃时）[①]

金属或合金	热电动势/mV	连续使用温度/℃	短时使用最高温度/℃
95％Ni＋5％(Al,Si,Mn)	−1.38	1 000	1 250
钨	＋0.79	2 000	2 500
手工制造的铁	＋1.87	600	800
康铜(60％Cu＋40％Ni)	−3.5	600	800
56％Cu＋44％Ni	−4.0	600	800
制导线用铜	＋0.75	350	500
镍	−1.5	1 000	1 100
80％Ni＋20％Cr	＋2.5	1 000	1 100
90％Ni＋10％Cr	＋2.71	1 000	1 250
90％Pt＋10％Ir	＋1.3	1 000	1 200
90％Pt＋10％Rh	＋0.64	1 300	1 600
银	＋0.72[②]	600	700

注：①表中的"＋"或"−"表示该电极与铂组成热电偶时，其热电动势是正或负。当热电动势为正时，在处于 0℃的热电偶一端电流由金属(或合金)流向铂。

②为了确定用表中所列任何两种材料构成的热电偶的热电动势，应当取这两种材料的热电动势的差值。例如：铜—康铜热电偶的热电动势等于＋0.75−(−3.5)＝4.25(mV)。

B－12－2　几种标准温差电偶

名　　称	分度号	100℃时的电动势/mV	使用温度范围/℃
铜-康铜（Cu55％,Ni45％）	CK	4.26	−200～300
镍铬（Cr9％～10％,Si0.4％,Ni90％）-康铜（Cu56％～57％,Ni43％～44％）	EA—2	6.95	−200～800
镍铬（Cr9％～10％,Si0.4％,Ni90％）-镍硅（Si2.5％～3％,Co＜0.6％Ni97％）	EV—2	4.10	1 200
铂铑（Pt90％,Rh10％）-铂	LB—3	0.643	1 600
铂铑（Pt70％,Rh30％）-铂铑（Pt94％,Rh6％）	LL—2	0.034	1 800

B－12－3　铜-康铜热电偶的温差电动势（自由端温度0℃）　　（单位：mV）

康铜的温度	铜的温度/℃										
	0	10	20	30	40	50	60	70	80	90	100
0	0.000	0.389	0.787	1.194	1.610	2.035	2.468	2.909	3.357	3.813	4.277
100	4.227	4.749	5.227	5.712	6.204	6.702	7.207	7.719	8.236	8.759	9.288
200	9.288	9.823	10.363	10.909	11.459	12.014	12.575	13.140	13.710	14.285	14.864
300	14.864	15.448	16.035	16.627	17.222	17.821	18.424	19.031	19.642	20.256	20.873

B－13　在常温下某些物质相对于空气的光的折射率

物质	H_α 线(656.3nm)	D 线(589.3nm)	H_β 线(486.1nm)
水(18℃)	1.331 4	1.333 2	1.337 3
乙醇(18℃)	1.360 9	1.362 5	1.366 5
二硫化碳(18℃)	1.619 9	1.629 1	1.654 1
冕玻璃(轻)	1.512 7	1.515 3	1.521 4
冕玻璃(重)	1.612 6	1.615 2	1.621 3
燧石玻璃(轻)	1.603 8	1.608 5	1.620 0
燧石玻璃(重)	1.743 4	1.751 5	1.772 3
方解石(寻常光)	1.654 5	1.658 5	1.667 9
方解石(非常光)	1.484 6	1.486 4	1.490 8
水晶(寻常光)	1.541 8	1.544 2	1.549 6
水晶(非常光)	1.550 9	1.553 3	1.558 9

B-14 常用光源的谱线波长表 （单位：nm）

H(氢)	447.15 蓝	589.592(D₁)黄
656.28 红	402.62 蓝紫	588.995(D₂)黄
486.13 绿蓝	388.87 蓝紫	Hg(汞)
434.05 蓝	Ne(氖)	623.44 橙
410.17 蓝紫	650.65 红	579.07 黄
397.01 蓝紫	640.23 橙	576.96 黄
He(氦)	638.30 橙	546.07 绿
706.52 红	626.25 橙	491.60 绿蓝
667.82 红	621.73 橙	435.83 蓝
587.56(D₃)黄	614.31 橙	407.78 蓝紫
501.57 绿	588.19 黄	404.66 蓝紫
492.19 绿蓝	585.25 黄	He—Ne 激光
471.31 蓝	Na(钠)	632.8 橙

附录 C 常用电气测量指示仪表和附件的符号

C-1 测量单位及功率因数的符号

名　称	符　号	名　称	符　号
千安	kA	兆欧	MΩ
安培	A	千欧	kΩ
毫安	mA	欧姆	Ω
微安	μA	毫欧	mΩ
千伏	kV	微欧	μΩ
伏特	V	相位角	φ
毫伏	mV	功率因数	$\cos\varphi$
微伏	μV	无功功率因数	$\sin\varphi$
兆瓦	MW	库仑	C
千瓦	kW	毫韦伯	mWb
瓦特	W	毫特斯拉	mT
兆乏	Mvar	微法	μF
千乏	kvar	皮法	pF
乏	var	亨利	H
兆赫	MHz	毫亨	mH
千赫	kHz	微亨	μH
赫兹	Hz	摄氏度	℃
太欧	TΩ		

C－2　仪表工作原理的图形符号

名　称	符　号	名　称	符　号
磁电系仪表		电动系比率表	
磁电系比率表		铁磁电动系仪表	
电磁系仪表		铁磁电动系比率表	
电磁系比率表		感应系仪表	
电动系仪表		静电系仪表	

整流系仪表(带半导体整流器和磁电系测量机构)	
热电系仪表(带接触式热变换器和磁电系测量机构)	

C－3　电流种类的符号

名　称	符　号
直流	
交流(单相)	
直流和交流	
具有单元件的三相平衡负载交流	

C－4　准确度等级的符号

名　称	符　号
以标度尺量限百分数表示的准确度等级,例如1.5级	1.5
以标度尺长度百分数表示的准确度等级,例如1.5级	1.5
以指示值的百分数表示的准确度等级,例如1.5级	1.5

C-5 工作位置的符号

名　称	符　号
标度尺位置为垂直的	⊥
标度尺位置为水平的	⊓
标度尺位置与水平面倾斜成一角度例如 60°	60°

C-6 绝缘强度的符号

名　称	符　号
不进行绝缘强度试验	☆
绝缘强度试验电压为 2kV	☆

C-7 端钮、调零器的符号

名　称	符　号
负端钮	—
正端钮	+
公共端钮（多量限仪表和复用电表）	✳
接地用的端钮（螺钉或螺杆）	⏚
与外壳相连接的端钮	⏚
与屏蔽相连接的端钮	○
调零器	⌒

C-8 按外界条件分组的符号

名　称	符　号
Ⅰ级防外磁场（例如磁电系）	⌂
Ⅰ级防外磁场（例如静电系）	⊤
Ⅱ级防外磁场及电场	Ⅱ Ⅱ
Ⅲ级防外磁场及电场	Ⅲ Ⅲ
Ⅳ级防外磁场及电场	Ⅳ Ⅳ

参 考 文 献

[1]　罗积军,徐军.实验技术基础[M].西安:西北工业大学出版社,2011.

[2]　吴泳华,霍剑青,熊永红.大学物理实验[M].北京:高等教育出版社,2001.

[3]　龚勇清,易江林.大学物理实验[M].北京:科学出版社,2007.

[4]　吴振森,武颖丽,等.综合设计性物理实验[M].西安:西安电子科技大学出版社,2007.

[5]　杨俊才,何焰蓝.大学物理实验[M].北京:机械工业出版社,2004.

[6]　李恩普,邢凯,曹昌年,等.大学物理实验[M].北京:国防工业出版社,2004.

[7]　姚合宝,冯忠耀.大学物理实验[M].西安:西北大学出版社,2002.

[8]　杨韧.大学物理实验[M].北京:北京理工大学出版社,2005.

[9]　王银明.物理实验[M].北京:高等教育出版社,2013.

[10]　丁振华.物理实验与实训[M].北京:高等教育出版社,2011.

参考文献

[1] 　　　　　　　　　基础[M]．　　：北京大学出版社，2012．
[2] 　　　　　　　　　　　[M]．北京：高等教育出版社，2001．
[3] 　　　　　　　　　　[M]．北京：　　　　2012．
[4] 　　　　　　　　　　　　[M]．　　　　　　大学出版社，2007．
[5] 　　　　　　　　　[M]．北京：　　出版社，2005．
[6] 　　　　　　　　　[M]．北京：　　　大学出版社，2004．
[7] 　　　　　　　[M]．　　：　　大学出版社，2002．
[8] 　　　　　　[M]．　　：　　　教育出版社，2011．